新污染物监测采集、保存和运输的技术要求

中国环境监测总站 / 编著

XIN WURANWU
JIANCE
CAIJI
BAOCUN HE
YUNSHU DE
JISHU
YAOJIU

U0252150

中国环境出版集团·北京

图书在版编目（CIP）数据

新污染物监测采集、保存和运输的技术要求 / 中国
环境监测总站编著 . -- 北京 ： 中国环境出版集团，
2024. 10. -- ISBN 978-7-5111-5999-1

Ⅰ. X830.7

中国国家版本馆 CIP 数据核字第 2024SY9724 号

责任编辑 曲　婷
装帧设计 彭　杉

出版发行	中国环境出版集团
	（100062 北京市东城区广渠门内大街 16 号）
	网　　　址：http://www.cesp.com.cn
	电子邮箱：bjgl@cesp.com.cn
	联系电话：010-67112765（编辑管理部）
	010-67112736（第五分社）
	发行热线：010-67125803，010-67113405（传真）
印　　刷	北京中科印刷有限公司
经　　销	各地新华书店
版　　次	2024 年 10 月第 1 版
印　　次	2024 年 10 月第 1 次印刷
开　　本	787×1092　1/16
印　　张	11
字　　数	146 千字
定　　价	55.00 元

《新污染物监测采集、保存和运输的技术要求》

编写委员会

主　编： 李文攀　许秀艳　解　鑫　薛令楠

副主编： 吴宇峰　吴　昊　刘　彬　王　静　张蓓蓓

编　委：（以姓氏笔画为序）

前　言

　　新污染物主要包括全氟化合物、环境内分泌干扰物等持久性有机污染物、抗生素和微塑料等。这些污染物在环境中广泛存在，且具有危害严重、风险隐蔽、环境持久、来源广泛、治理复杂等特点，对生态环境和人体健康构成潜在威胁。新污染物往往具有未知或不确定的环境和健康影响。通过科学规范的监测分析，可及时发现这些污染物的存在，通过评估其对环境和人体的潜在风险，从而采取相应的有效控制措施防止污染扩散和危害发生，为构建美丽中国、实现可持续发展贡献力量。

　　样品采集、保存和运输是环境监测工作的重要组成部分，对确保监测数据的代表性、准确性、可靠性和有效性具有至关重要的作用。这些环节直接关系环境管理决策的科学性和合理性，对保护生态环境和人体健康具有重要意义。

　　在样品采集方面，新污染物种类繁多，部分新污染物还是人类新合成的物质，且每年都有大量的新化学物质被引入环境中。新污染物的风险比较隐蔽，多数新污染物的短期危害并不明显，性质差异较大。因此，通常需要根据新污染物的特性选择合适的采样方法和设备。例如，对于挥发性有机物，需要使用密封性良好的采样瓶；对于全氟化合物，则应使用干净的、无氟化物残留的容器来收集样品，以防止样品污染。

在样品保存方面，不同的新污染物对保存条件有不同的要求。需要考虑的条件主要是保存温度、避光与否、容器选择、保存时间、固定剂加入与否等。一些新污染物可能需要在低温下保存，以防止其分解或挥发；另一些新污染物则可能需要避光保存，以防止光化学反应的发生。此外，在保存过程中，要确保样品不被外部环境或物质污染，避免不必要的接触和暴露。加入的固定剂应充分考虑其与样品之间的相容性，防止因不相容而导致样品污染或变质。

在样品运输方面，需要采取适当的措施，保证分析目标物在运输过程中不会造成浓度损失，如在运输过程中需要根据目标物性质，确定合适的保存温度范围。避免暴露在直射阳光下和防止样品在运输过程中受到震动或冲击。样品容器须具备良好的密封性，以防止样品在运输过程中发生泄漏或受到外界干扰。

《新污染物监测采集、保存和运输的技术要求》是针对常见 11 大类新污染物监测过程中的采集、保存和运输等环节制定的技术性要求。

本书通过对 11 大类新污染物基本理化性质、环境危害及采集、保存和运输技术要求的深入研究，重点探讨国内外水样采集、保存和运输的技术要求，已有方法标准时，从严参照相关技术要求；大多数新污染物尚未具有相关标准规范，通过大量实验研究，并结合实际工作经验，针对不同类型的新污染物，提出了满足实际监测工作需要的技术要求，确保监测数据的代表性、准确性、精密性和可比性。

随着科技的进步和环境的变化，新污染物的种类和数量不断增加，因此，我们需要不断更新和完善相关分析方法和采样技术要求，以适应新的环境监测和污染治理需求。我们将继续关注新污染物的动态变化和发展趋势，加强与国际同行的交流与合作，共同推动新污染物监测技术的创新与发展。

本书由李文攀、许秀艳、解鑫和薛令楠制定编写大纲，统筹全书的编写，全书分为12章。第1章由杨雪、吴宇峰、吴昊、杨华和王晓雯编写；第2章由吴昊、唐彦、王艳丽、郭丽、赵志强和许秀艳编写；第3章由陈晨、严奂、赵志强、刘彬、贾立明和薛令楠编写；第4章由张蓓蓓、崔连喜、王艳丽、王伟和赵亮编写；第5章由周菁清、崔冬妮、杨璟爱、于建钊和王艳丽编写；第6章由贾茜媛、张静、刘殿甲、耿良娟和蔡熹编写；第7章由葛红波、朱小琴、郭丽、唐彦和张肇元编写；第8章由刘彬、陈书鑫、吴冰婵、刘殿甲和张静编写；第9章由王静、郭丽、李桦欣、冯利、王璠和孙慧婧编写；第10章由孙琴琴、邵鲁泽、李利荣、王效国和王晓雯编写；第11章由吴宇峰、张肇元、秦超、付丹、王康和刘丰羽编写；第12章由王艳丽、吴宇峰、李凤梅、贾立明和阮家鑫编写。

由于编者的水平和经验有限，书中难免存在疏漏之处，敬请同行专家和广大读者指正。

目　录

1

挥发性有机物

1.1 基本概况

1.1.1 理化性质

挥发性有机物（Volatile Organic Compounds，VOCs）定义存在多种表述，美国国家环境保护局（EPA）的定义为：挥发性有机化合物是除 CO、CO_2、H_2CO_3、金属碳化物、金属碳酸盐和碳酸铵外，所有参加大气光化学反应的碳化合物。世界卫生组织（WHO，1989）对总挥发性有机化合物（TVOC）的定义为：熔点低于室温而沸点在 50～260℃的挥发性有机化合物的总称。国际标准 ISO 4618/1—1998 和德国 DIN 55649—2000 标准对 VOCs 的定义是：原则上，在常温常压下，任何能自发挥发的有机液体和（或）固体。同时，德国 DIN 55649—2000 标准在测定 VOCs 含量时又做了一个限定，即在通常压力条件下，沸点或初馏点低于或等于 250℃的任何有机化合物。我国《地块土壤和地下水中挥发性有机物采样技术导则》（HJ 1019—2019）中 VOCs 的定义为：沸点低于或等于 260℃，或在 20℃和 1 个大气压下饱和蒸气压超过 133.322 Pa 的有机化合物。

1.1.2 环境危害

VOCs 广泛存在于空气、水、土壤及其他介质中，其主要成分为脂肪烃、芳香烃、卤代烃、醛类和酮类等化合物。VOCs 的用途非常广泛，许多 VOCs 用作溶剂，在燃料、油漆、粘合剂、除臭剂、冷冻剂等产品中常含有大量 VOCs，一些 VOCs 源于化学反应，如在用氯气进行饮用水消毒时，将产生多种挥发性有机卤化合物（如 THMs）。VOCs 在生产、销售、储存、处理和使用等过程中易释放到环境中，从而在地表水、地下水环境中常能检出此类化合物。VOCs 具有迁移性、持久性和毒性，是一类重要的环境污染物。由于 VOCs 并非单一的化合物，各化合物之间的相加、相乘作用不够清楚，且不同时间、地点 VOCs 的组分也不尽相同，因此对人体健康的影响也有所变化。大致危害如下：影响中枢神经系统，出现头晕、头痛、无力、胸闷等症状；感觉性刺激，嗅味不舒适，刺激上呼吸道及皮肤；影响消化系统，出现食欲不振、恶心等；怀疑性危害如局部组织炎症反应、过敏反应、神经毒性作用。此外，其还能引起机体免疫水平失调，严重时可损伤肝脏和造血系统，出现变态反应等。

1.1.3　管理需求

我国《地表水环境质量标准》（GB 3838—2002）、《地下水质量标准》（GB/T 14848—2017）、《生活饮用水卫生标准》（GB 5749—2022）、《城市供水水质标准》（CJ/T 206—2005）、《污水综合排放标准》（GB 8978—1996）和《城镇污水处理厂污染物排放标准》（GB 18918—2002）均规定了部分 VOCs 的限值，主要涉及卤代烃、苯系物和氯苯类。美国、欧盟（EU）、加拿大、日本等经济发达国家和地区对饮用水中各类 VOCs 都制定了严格的管控措施，如美国 EPA 的《国家饮用水水质标准》、日本的《日本生活饮用水水质标准》、加拿大的《加拿大饮用水水质标准》、欧盟的《饮用水水质指令》（98/83/EC）、WHO 的《饮用水水质准则》等。

2022 年 5 月 4 日，国务院办公厅印发《新污染物治理行动方案》，对新污染物治理工作进行全面部署，有毒有害化学物质的生产和使用是新污染物的主要来源。目前，新污染物环境监测项目主要来自《重点管控新污染物清单（2023 年版）》（生态环境部令 第 28 号）、《第一批化学物质环境风险优先评估计划》（环办固体〔2022〕32 号）、《优先控制化学品名录（第一批）》（环境保护部公告 2017 年第 83 号）及《优先控制化学品名录（第二批）》（生态环境部公告 2020 年第 47 号）4 个名录。其中，涉及 VOCs 的化合物有 1- 溴丙烷、甲苯、苯、1,2- 二氯丙烷、1,1- 二氯乙烯、四氯乙烯、三氯乙烯、萘、1,3- 丁二烯、1,2,4- 三氯苯、二氯甲烷、三氯甲烷、六氯丁二烯 13 种，详见表 1-1。

1.2 分析方法

1.2.1 国外相关分析方法

对于 VOCs 各个国家根据限量标准和控制范围有相应的分析方法，EPA 方法中有针对饮用水的，也有针对废水的，测定 VOCs 的方法有很多种，涉及样品采集、保存、样品前处理、分析、结果计算以及质量保证和质量控制等多方面的内容；ISO 方法也是自成体系，详见表 1-2。

1.2.2 国内相关分析方法

国内检测方法标准中涉及水中部分 VOCs 的检测方法，主要是采用顶空或吹扫捕集 - 气相色谱法和气相色谱 - 质谱法（GC-MS），涉及的检测器包括电子捕获检测器（ECD）、火焰离子化检测器（FID）及质谱检测器（MS）。我国部分水质标准分析方法按照化合物的种类分别进行检测。近年来颁布的水中挥发性有机物多组分同时测定的标准方法前处理多采用吹扫捕集法或顶空法，分析仪器包括 GC-MS 或 GC，详见表 1-3。

表 1-1 新污染物环境监测项目清单及主要行业用途（VOCs 相关）

序号	名称	CAS 号	可能涉及的行业或用途	所属名录
1	1-溴丙烷	106-94-5	生产：有机化学原料制造／化学试剂和助剂制造。 使用：化学农药制造／有机化学原料制造／化学药品原料药制造／半导体分立器件制造／有机化学原料制造／香料、香精制造／电子专用材料制造／其他电子元件制造／染料制造／敏感元件及传感器制造／专项化学用品制造／电阻、电容、电感元件制造／集成电路制造／有色金属铸造／其他电子设备制造／其他电子器件制造／泡沫塑料制造／轮胎制造／电光源制造／金属表面处理及热处理加工／工业控制计算机及系统制造	"第一批优评"
2	甲苯	108-88-3	生产：原油加工及石油制品制造／有机化学原料制造／炼焦／初级形态塑料及合成树脂制造／其他基础化学原料制造／其他塑料制造／涂料制造／无机碱制造／煤制液体燃料生产：专项化学用品制造／化学农药制造／黑色金属铸造／油墨及类似产品制造。 使用：原油加工及石油制品制造／有机化学原料制造／初级形态塑料及合成树脂制造／其他专用化学产品制造／无机碱制造／化学药品原料药制造／涂料制造／炼焦／专项化学用品制造／化学试剂和助剂制造／化学药品制剂制造／油墨及类似产品制造／其他基础化学原料制造／电子专用材料制造／化学纤维织物染整精加工／其他合成材料制造／塑料薄膜制造／其他合成材料制造／塑料零件及其他塑料制品制造／电阻、电容、电感元件制造／电子元件制造／计算机／合成橡胶制造／香精制造／香料制造／化纤织造加工／化学纤维制造／日用塑料制品制造／机制纸及纸板制造／光电子器件制造／加工纸制造／纤维板制造／日用塑料制品制造／橡胶板、管、带制造／生物化学农药及微生物农药制造／塑料丝、绳及编织品制造／合成纤维单（聚合）体制造／橡胶零件制造／其他电子元件制造／无机酸制造／兽用药品制造／金属表面处理及热处理加工／塑料板、管、型材制造／林产化学产品制造／文化用信息化学品制造／涤纶纤维制造／其他塑料制品制造／其他电子设备制造／其他电子器件制造／密封填料及类似品制造	"优控（第二批）"

续表

序号	名称	CAS号	可能涉及的行业或用途	所属名录
3	苯	71-43-2	生产：原油加工及石油制品制造／有机化学原料制造／炼焦／其他基础化学原料制造／初级形态塑料及合成树脂制造／其他原油制造／初级形态塑料制造／黑色金属铸造。使用：有机化学原料制造／原油加工及石油制品制造／初级形态塑料及合成树脂制造／炼焦／合成纤维单（聚合）体制造／无机碱制造／煤制合成气生产／化学试剂和助剂制造／专项化学用品制造／化学农药原药制造／其他专用化学产品制造	"优控（第二批）"
4	1,2-二氯丙烷	78-87-5	生产：有机化学原料制造／其他基础化学原料制造／专项化学用品制造／无机碱制造／涂料制造。使用：其他基础化学原料制造／有机化学原料制造／涂料制造／化学试剂和助剂制造／专项化学用品制造／其他专用化学产品制造／油墨及类似产品制造／化学农药制造／其他专用化学用品制造／其他合成材料制造／初级形态塑料及合成树脂制造／金属表面处理及热处理加工／塑料人造革、合成革制造／肥皂及洗涤剂制造	"优控（第二批）"
5	1,1-二氯乙烯	75-35-4	生产：有机化学原料制造／初级形态塑料及合成树脂制造／塑料薄膜制造。使用：无机碱制造／其他基础化学原料制造／有机化学原料制造／专项化学用品制造／化学农药制造／初级形态塑料及合成树脂制造／塑料薄膜制造	"优控（第二批）"

续表

序号	名称	CAS 号	可能涉及的行业或用途	所属名录
6	四氯乙烯	127-18-4	生产：有机化学原料制造／其他基础化学原料制造／无机碱制造。 使用：有机化学原料制造／其他基础化学原料制造／无机酸制造／无机盐制造／毛皮鞣制／初级形态塑料及合成树脂制造／原油加工及石油制品制造／无机碱制造／其他专用化学产品制造加工／电子专用材料制造／涂料制造／化学试剂和助剂制造／其他电子器件制造／专项化学用品制造／皮革鞣制加工／电容、电感元件制造／化纤织物染整精加工／化学农药制造／有色金属铸造／金属表面处理及热处理加工／橡胶零件制造	"优控（第一批）"
7	三氯乙烯	79-01-6	生产：有机化学原料制造／其他基础化学原料制造／无机碱制造／初级形态塑料及合成材料制造／涂料制造。 使用：其他专用化学产品制造／其他基础化学原料制造／专项化学用品制造／化学试剂和助剂制造／金属表面处理及热处理加工／化学药品原料药制造／塑料薄膜制造／塑料零件及其他塑料制品制造／密封用填料及类似品制造／涂料制造／电子专用材料制造／初级形态塑料及合成树脂制造／塑料板、管、型材制造／其他电子设备制造／电子专用材料制造／其他电子元件制造／其他橡胶制品制造／有色金属铸造／医疗、外科及兽医用器械制造／兽用药品制造／半导体分立器件制造／集成电路制造／其他电子器件制造	"优控（第一批）"
8	萘	91-20-3	生产：有机化学原料制造／炼焦／其他基础化学原料制造／其他原油制造／化学试剂和助剂制造／专项化学用品制造／染料制造。 使用：有机化学原料制造／染料制造／涂料制造／初级形态塑料及合成树脂制造／工业颜料制造／专项化学用品制造／其他基础化学原料制造／其他原油制造／炼焦／原油加工及石油制品制造／其他专用化学产品制造／环境污染处理专用药剂材料制造	"优控（第一批）"

续表

序号	名称	CAS 号	可能涉及的行业或用途	所属名录
9	1,3-丁二烯	106-99-0	生产：原油加工及石油制品制造／有机化学原料制造／初级形态塑料及合成树脂制造／合成橡胶制造／其他基础化学原料制造／合成橡胶制造。 使用：合成橡胶制造／初级形态塑料及合成树脂制造／有机化学原料制造／原油加工及石油制品制造／专项化学用品制造／化学试剂和助剂制造／涂料制造／机制纸及纸板制造／其他基础化学原料制造／其他合成材料制造／塑料零件及其他塑料制品制造／塑料板、管、型材制造／轮胎制造／日用及医用橡胶制品制造／其他橡胶制品制造／金属表面处理及热处理加工／锦纶纤维制造／计算机外围设备制造	"优控（第一批）"
10	1,2,4-三氯苯	120-82-1	生产：有机化学原料制造／其他基础化学原料制造。 使用：有机化学原料制造／化学农药制造／染料制造／其他基础化学原料制造	"优控（第一批）"
11	三氯甲烷	1975/9/2	生产：有机化学原料制造／无机碱制造／其他基础化学原料制造／无机盐制造／专项化学品制造／其他专用化学产品制造／其他专用化学品制造。 使用：有机化学原料制造／其他基础化学原料制造／化学药品原料药制造／其他专用化学药品制造／无机酸制造／化学试剂和助剂制造／化学农药制造／涂料制造／初级形态塑料及合成树脂制造／专项化学用品制造／兽用药品制造／塑料薄膜制造／泡沫塑料制造／电子专用材料制造／生物化学农药及微生物农药制造／文化用信息化学品制造／化学药品制剂制造／塑料零件及其他塑料制品制造／机制纸及纸板制造／油墨及类似产品制造／香精、香料制造／无机盐制造／其他医药用品制造／金属表面处理及热处理加工／其他合成材料制造／其他电子器件制造／密封用填料及类似品制造／塑料丝、绳及编织品制造／日用及医用橡胶制品制造／林产化学产品制造／光电子器件制造／其他电子元件制造／显示器件制造／其他电子器件制造／橡胶零件制造／生物药品制剂制造／半导体分立器件制造／计算机零部件制造／其他电子设备制造件制造	"重点管控""优控（第一批）"

续表

序号	名称	CAS 号	可能涉及的行业或用途	所属名录
12	三氯甲烷	67-66-3	生产：有机化学原料制造／无机碱制造／其他基础化学原料制造／涂料制造／化学试剂和助剂制造。使用：有机化学原料制造／其他基础化学原料制造／化学药品原料药制造／初级形态塑料制造／无机碱制造／化学农药制造／香料、香精制造／其他专用化学产品制造／化学试剂和助剂制造／其他合成纤维制造／化学药品制剂制造／专项化学用品制造／电子专用材料制造／文化用信息化学品制造／染料制造／合成橡胶制造／生物药品制品制造／林产化学产品制造	"重点管控""优控（第一批）"
13	六氯丁二烯	87-68-3	已禁止生产、加工使用、进出口。各地根据已掌握辖区内生产使用调查数据，分析本地涉及化学物质的行业、用途	"重点管控""优控（第二批）"

注：《重点管控新污染物清单（2023 年版）》（生态环境部令 第 28 号）（简称"重点管控"）、《第一批化学物质环境风险优先评估计划》（环办固体〔2022〕32 号）（简称"第一批优评"）、《优先控制化学品名录（第一批）》（环境保护部公告 2017 年第 83 号）[简称"优控（第一批）"]及《优先控制化学品名录（第二批）》（生态环境部公告 2020 年第 47 号）[简称"优控（第二批）"]

表 1-2　国外水质 VOCs 标准分析方法技术内容

标准名称	《饮用水中有机物的分析方法》方法系列（EPA 500）	《废物样品中挥发性有机物的采样及前处理方法》（EPA 5000）		《城市和工业废水中有机化合物的分析方法指南》方法系列（EPA 600）		《GC-MS 测定 VOCs》（EPA 8000 系列）		《水质 芳香烃、萘和不同氯化物的测定 吹扫捕集-热解吸 气相色谱法》（ISO 15680—2003）	《水质 高挥发性卤代烃的测定 气相色谱法》（ISO 10301—1997）		《水质 苯及其衍生物的测定》（ISO 11423—1997）	
	EPA 524.1~EPA 524.3	EPA 5021	EPA 5030	EPA 601	EPA 624	EPA 8260B	EPA 8260C		第 2 部分	第 3 部分	第 1 部分	第 2 部分
适用范围	地表水、地下水、饮用水	废物样品		城市和工业废水		固体废物	—	饮用水、地下水、地表水、海水和（稀释）废水	饮用水、地下水、游泳池水、河流和湖泊、生活污水和工业废水	饮用水、地表水和地下水	水和废水均质样品	
前处理方式	吹扫捕集	顶空	吹扫捕集	吹扫捕集	吹扫捕集	吹扫捕集	吹扫捕集（5030、5035）、顶空（5021）、共沸蒸馏（5031）、真空蒸馏（5032）、吸附管采样（5041）及直接注射等	吹扫捕集-热解吸	液液萃取	顶空	顶空	液液萃取
检测方法	GC-MS	—	—	GC-ECD	GC-MS	GC-MS	GC-MS	GC-MS 或其他	GC		GC	

表1-3　国内水质 VOCs 标准分析方法技术内容

标准名称	GB/T 5750.8—2023	HJ 639—2012	HJ 686—2014	HJ 620—2011	HJ 810—2016	SL 393—2007
适用范围	饮用水、水源水	地表水、地下水、海水、生活污水、工业废水				地表水、地下水、饮用水
目标物	84 种 VOCs	57 种 VOCs	21 种 VOCs	14 种挥发性卤代烃	55 种 VOCs	43 种 VOCs
前处理方式	吹扫捕集	吹扫捕集	吹扫捕集	顶空	顶空	吹扫捕集
检测方法	GC-MS	GC-MS	GC-FID/ECD	GC-ECD	GC-MS	GC-MS
方法检出限	0.03～0.35 μg/L	0.6～5.0 μg/L	0.1～0.5 μg/L	0.02～6.13 μg/L	2～10 μg/L	0.05～0.15 μg/L

1.3　采集、保存和运输技术要求

1.3.1　采集

样品采集包括采样容器、采样体积、固定剂的添加和现场质控四部分关键内容。

（1）采样容器

EPA 8260D、EPA 524.2 中推荐使用特定的采样容器和密封材料，国内标准《水质　挥发性有机物的测定　吹扫捕集 / 气相色谱 - 质谱法》（HJ 639—2012）、《水质　挥发性有机物的测定　吹扫捕集 / 气相色谱法》（HJ 686—2014）、《水质　挥发性卤代烃的测定　顶空气相色谱法》（HJ 620—2011）、《水质　挥发性有机物的测定　顶空 / 气相色谱 - 质谱法》（HJ 810—2016）中均规定使用 40 ml 具聚四氟乙烯内衬垫螺旋盖的玻璃瓶，其中，HJ 686—2014、HJ 639—2012、HJ 810—2016、《吹扫捕集气相色谱／质谱分析法（GC/MS）测定水中挥发性有机污染物》（SL 393—2007）均规定使用棕色玻璃瓶，详见表1-4。综合考虑，采样容器推荐为40 ml具聚四氟乙烯内衬垫螺旋盖棕色玻璃瓶。

表1-4 国内外标准中关于VOCs采样容器的技术规定

序号	标准方法	采样容器
1	EPA 8260D	挥发性有机物专用样品瓶
2	EPA 524.2	挥发性有机物专用样品瓶
3	HJ 686—2014	40 ml棕色玻璃瓶，螺旋盖（带聚四氟乙烯涂层密封垫）
4	HJ 639—2012	40 ml棕色玻璃瓶，具聚四氟乙烯－硅橡胶衬垫螺旋盖
5	HJ 620—2011	40 ml具聚四氟乙烯内衬的硅橡胶垫的螺口玻璃瓶或其他同类采样瓶
6	HJ 810—2016	40 ml棕色螺口玻璃瓶，具聚四氟乙烯－硅橡胶衬垫螺旋盖，放置于不含挥发性有机物的区域
7	SL 393—2007	40 ml具聚四氟乙烯内衬垫螺旋盖棕色玻璃瓶

（2）采样体积

为减少VOCs的挥发，目前国内外标准中关于采样体积的要求基本上是一致的，即均要求水样充满采样瓶，不留液上空间，详见表1-5。因此，采集样品时应使水样在样品瓶中溢流而不留空间，尽量避免或减少样品在空气中暴露。

表1-5 国内外标准中关于VOCs采样体积的技术规定

序号	标准方法	采样体积
1	EPA 8260D	水样储存应最小顶部空间或没有顶部空间，以减少高挥发性有机物的损失。固体和废弃物样品应采集在气密性容器中
2	EPA 524.2	用玻璃采样瓶采集水样，使水样充满采样瓶并保证没有气泡存在

续表

序号	标准方法	采样体积
3	HJ 686—2014	采样时，应使水样在样品瓶中溢流而不留空间
4	HJ 639—2012	采样时，应使水样在样品瓶中溢流而不留空间
5	HJ 620—2011	采样时样品沿瓶壁注入，防止气泡产生，水样充满后不留液上空间
6	HJ 810—2016	使水样在样品瓶中溢流且不留空间，取样时应尽量避免或减少样品在空气中暴露
7	SL 393—2007	样品充满或封瓶时，水样中不留任何空间

（3）固定剂的添加

EPA 和国内标准中，一方面均考虑了余氯的影响，需要通过加入硫代硫酸钠或抗坏血酸来消除余氯；另一方面大多通过加入盐酸调节水样 pH（≤2）以延长样品保存时间，详见表 1-6。由于目前市场上有余氯快速检测试纸，采集样品时，推荐先通过余氯试纸判定水样中是否有余氯，若有余氯，则采样前，每 40 ml 样品加入 25 mg 的抗坏血酸。若水样中总余氯的量超过 5 mg/L，则先按 HJ 586—2010 附录 A 的方法测定总余氯，再确定抗坏血酸的加入量。在 40 ml 样品瓶中，总余氯每超过 5 mg/L，需多加 25 mg 的抗坏血酸。采样时，水样呈中性时向每个样品瓶中加入 0.5 ml 盐酸溶液，拧紧瓶盖；水样呈碱性时应加入适量盐酸溶液使样品 pH≤2。

表 1-6 国内外标准中关于 VOCs 采样过程中试剂添加的技术规定

序号	标准方法	无余氯	有余氯
1	EPA 8260D	加 4 滴浓盐酸	加入约 0.3 ml 10% 的硫代硫酸钠，再加 4 滴浓盐酸，4℃保存
2	EPA 524.2	每 20 ml 样品中加入 1 滴（1+1）盐酸调节样品，使 pH≤2	加入 25 mg 抗坏血酸

续表

序号	标准方法	无余氯	有余氯
3	HJ 686—2014	0.5 ml 盐酸溶液	加入约 25 mg 抗坏血酸，再加入 0.5 ml 盐酸溶液
4	HJ 639—2012		采样前，每 40 ml 样品需加入 25 mg 抗坏血酸。如果水样中总余氯的量超过 5 mg/L，应先按 HJ 586—2010 附录 A 的方法测定总余氯，再确定抗坏血酸的加入量。在 40 ml 样品瓶中，总余氯每超过 5 mg/L，需多加 25 mg 抗坏血酸。采样时，水样呈中性时向每个样品瓶中加入 0.5 ml 盐酸溶液，拧紧瓶盖；水样呈碱性时应加入适量盐酸溶液，使样品 pH≤2。 当水样加盐酸溶液后产生大量气泡时，应弃去该样品，重新采集样品。重新采集的样品不加盐酸溶液，样品标签上应注明未酸化，该样品应在 24 h 内分析
5	HJ 620—2011	—	向采样瓶中加入 0.3～0.5 g 抗坏血酸或硫代硫酸钠
6	HJ 810—2016	加入适量盐酸溶液，使样品 pH≤2	向 40 ml 棕色样品瓶中加入 25 mg 抗坏血酸。如果水样中总余氯的量超过 5 mg/L，应先按比例增加抗坏血酸的加入量，余氯含量每增加 5 mg/L，则应多加 25 mg 的抗坏血酸
7	SL 393—2007		采样前向每个采样瓶中加入适量抗坏血酸，每 40 ml 水样中加入 25 mg 抗坏血酸，每 40 ml 水样中加入 2～3 滴（1+1）盐酸溶液，使水样 pH<2

（4）现场质控

目前，由于 VOCs 挥发性强，样品开封后不可进行重复测试，标准中均要求所有样品应采集平行样，以保证实验室分析测试过程中有足够的样品进行质量控制。另外，由于采样和运输过程可能会存在 VOCs 本底干扰，标准中均规定采集样品时需同时采集全程序空白样品，此外，HJ 686—2014、HJ 639—2012 规定，除全程序空白样品外还需采集一个运输空白样品。全程序空白为采样前在实验室将一份空白试剂水放入样品瓶中密封，带至采样现场，与采样的样品瓶同时开盖和密封，随实际样品一起保存并运输至实验室。运输空白为采样前在实验室将一份空白试剂水放入样品瓶中密封,将其带到采样现场,采样时其瓶盖一直处于密封状态,随实际样品一起保存运回实验室。为保证分析测试质量,水样采集现场质控应包含现行标准中涉及的现场采样的质控方式,即全程序空白、运输空白和所有样品平行。

1.3.2 保存

国内外标准中关于样品的保存情况如表 1-7 所示。保存温度均为 4℃冷藏,在保存时间方面,除 SL 393—2007 中未规定具体保存时间外,其他标准方法均对保存时间进行了要求,主要分为加入盐酸溶液使水样 pH≤2 时,保存时间为 14 d,未加盐酸时,保存时间最长为 7 d,最短为 24 h。因此,水样的保存温度可参考现行标准为 4℃左右冷藏,当水样 pH≤2 时,保存时间为 14 d,水样未酸化时,保存时间参照现行标准中最短时间,即 24 h。

表 1-7 VOCs 标准分析方法样品保存要求

序号	标准方法	保存条件	其他
1	EPA 8260D	pH≤2,4℃,14 d	—
2	EPA 524.2	pH≤2,4℃,14 d	—
3	HJ 686—2014	pH≤2,4℃,14 d	—
4	HJ 639—2012	pH≤2,4℃,14 d	当水样加盐酸溶液后产生大量气泡时,应弃去该样品,重新采集样品。重新采集的样品不应加盐酸溶液,样品标签上应注明未酸化,该样品应在 24 h 内分析,4℃
5	HJ 620—2011	4℃,7 d	采样时未加酸
6	HJ 810—2016	pH≤2,4℃,14 d	—
7	SL 393—2007	pH<2,4℃,采样后尽快完成分析	—

1.3.3　运输

国内外标准并未对运输环节进行单独规定，运输过程条件一般应与样品保存条件保持一致（1.3.2），同时样品运输过程中和存放区域应无有机物干扰。

1.3.4　小结

按照《海洋监测规范　第3部分：样品采集、贮存与运输》（GB 17378.3—2007）、《污水监测技术规范》（HJ 91.1—2019）、《地表水环境质量监测技术规范》（HJ 91.2—2022）、《地下水环境监测技术规范》（HJ 164—2020）和《近岸海域环境监测技术规范　第三部分　近岸海域水质监测》（HJ 442.3—2020）的相关规定采集样品。所用采样瓶为40 ml 具聚四氟乙烯 - 硅胶衬垫和螺旋盖的棕色玻璃瓶，样品瓶应在采样前用甲醇清洗，采样时不需用样品进行荡洗。采集样品时，应使水样在样品瓶中溢流而不留空间，尽量避免或减少样品在空气中暴露。所有样品均采集平行双样，每批样品应带一个全程序空白和一个运输空白。

采样前先通过余氯试纸判定水样中是否有余氯，若有余氯，则向样品瓶中加入 25 mg 抗坏血酸。如果水样中总余氯的量超过 5 mg/L，应按 HJ 586—2010 附录 A 的方法测定总余氯，再确定抗坏血酸的加入量。在 40 ml 样品瓶中，总余氯每超过 5 mg/L，需多加 25 mg 的抗坏血酸。采样时，若水样呈中性，则向每个样品瓶中加入 0.5 ml（1+1）盐酸溶液，拧紧瓶盖；若水样呈碱性，则加入适量盐酸溶液使样品 pH≤2。采集完水样后，应立即在样品瓶上贴上标签。

当水样加盐酸溶液后产生大量气泡时，应弃去该样品，重新采集样品。重新采集的样品不应加盐酸溶液，样品标签上应注明未酸化，该样品应在 24 h 内分析。

样品采集后冷藏运输。运回实验室后应立即放入冰箱中，样品存放区域应无有机物干扰，在 4℃以下可保存 14 d。

参考文献

[1] 魏丽娜，梁祖顺，许海鹅，等. 吹扫捕集－气相色谱／质谱法测定水中挥发性有机物 [J]. 云南地质，2021，40(4): 495-499.

[2] 许志波，杨仪，卞莉，等. 太湖典型水源地挥发性有机物与环境因子的关系 [J]. 安徽农业科学，2020，48(5): 78-81.

[3] 陈光强，詹以森，黄展，等. 2016—2018 年江门市市区生活饮用水中挥发性有机物的调查 [J]. 现代预防医学，2020，47(11): 2075-2079.

[4] 栗则，季远玲，张宇曦，等. GC-MS 解析炼化污水中挥发性有机物组成和变化 [J]. 化工进展，2018，37(10): 4053-4059.

[5] 周志荣，王红伟，张森，等. 北京市生活饮用水及家用净水设备出水中挥发性有机物的水平调查 [J]. 环境与健康杂志，2017，34(5): 420-422.

[6] 刘芬芬，孙小华，丁力，等. 搬迁企业原址场地土壤挥发性有机物污染特征——以北京某搬迁化工厂为例 [J]. 城市地质，2021，16(1): 18-24.

[7] 樊小军. 基于湖州湘几漾地区土壤污染现状的评价研究 [J]. 西部资源，2021(4): 177-179.

[8] 吴雨珊. 上海市某工业区内地块土壤污染状况初步调查与评价 [J]. 清洗世界，2022，38(4): 98-101.

[9] 杨萌. 水体中挥发性有机物监测方法与评价标准进展 [J]. 科学技术创新，2020(17): 10-12.

2

六氯丁二烯

2.1 基本概况

2.1.1 理化性质

六氯丁二烯（Hexachlorobutadiene，HCBD），是一种脂肪族卤代烃，常用于生产弹性体、橡胶、传热液体、变压器、液压液体、杀虫剂、除草剂和杀菌剂。HCBD 的物理化学性质见表 2-1，其沸点为 210～220℃，有一定的挥发性，容易从水和土壤中重新分配到大气环境。HCBD 分子式为 C_4Cl_6，结构见图 2-1，是 6 个氢原子全部被氯取代的丁二烯。

表 2-1 HCBD 的物理化学性质

中文化学名	六氯丁二烯
英文化学名	Hexachlorobutadiene
CAS 登记号	87-68-3
分子式	C_4Cl_6
分子量	260.76
外观性状	无色液体
沸点	210～220℃
熔点	−19～22℃
密度	1.68 g/cm^3（20℃）
蒸气压	20 Pa（20℃）
水溶性	3.2 mg/L（25℃）
亨利定律常数	1 044 Pa·m^3/mol（实验值）
log K_{ow}（辛醇－水分配系数）	4.78

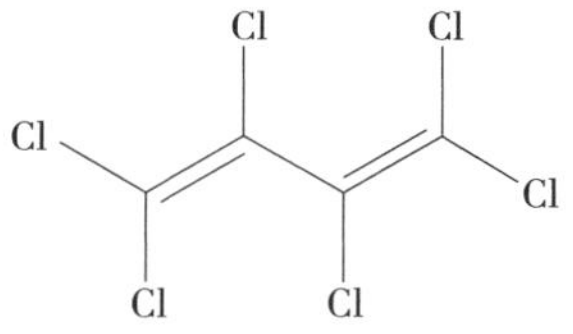

图 2-1 HCBD 的结构式

2.1.2　环境危害

　　HCBD 是一种疏水性氯化脂肪烃，在自然环境中不易被降解。因具有高挥发性（25℃时亨利定律常数为 1 044 Pa·m³/mol）和疏水性（K_{ow} 为 4.78），HCBD 会通过挥发、吸附、沉积、生物积累等途径在多种介质中迁移，并从污染源扩散到周边环境乃至偏远地区，最终造成其广泛存在于环境中。其毒性、持久性、潜在的生物积累和长距离迁移能力，对生态和人体健康可能造成重大不利影响。HCBD 对水生生物具有中等或较强的毒性，可对底栖生物造成伤害。HCBD 能在鱼类的肝脏优先累积，而后转化为极性代谢物，通过胆汁到达肾脏造成肾毒性。大多数情况下，淡水鱼类和海洋甲壳类动物对 HCBD 的毒性较其他水生生物更敏感。对于哺乳动物，HCBD 毒性的主要靶器官是肝脏和肾脏，是一种有效的肾毒素物质。已有研究表明，HCBD 会对大鼠造成明显的肾毒性和轻微肝损伤，且毒性的差异与性别、年龄有关。动物实验表明，HCBD 具有较高的慢性毒性，多次和长期接触低浓度 HCBD 均可导致中毒效应，并且可能影响中枢神经系统和诱发生殖细胞遗传基因的突变等，另外对肝和肾也有损伤作用。HCBD 可在人体中形成有毒代谢物，EPA 将 HCBD 归为可能的人类致癌物（C 组）。有研究表明，人体接触 HCBD 后，会导致外周淋巴细胞中染色体畸变的发生频率增大。对于 HCBD，人体无可见不良作用剂量水平为 0.05 mg/kg。有研究认为，人体通过大气、食物和饮用水途径每日摄入 HCBD 为 0.01～0.20 ng/g。

2.1.3　管理需求

　　2012 年，HCBD 被提议作为持久性有机污染物的候选者。2015 年，《关于持久性有机污染物的斯德哥尔摩公约》缔约方大会第七次会议将 HCBD 增列入附件 A，2017 年的第八次会议将其列入附件 C，控制其无意排放。我国对 HCBD 等新污染物的环境管理起步较晚。自 2022 年国务院办公厅印发《新污染物治理行动方案》后，各省（区、市）陆续出台新污染物治理工作方案，均强调要加强包括 HCBD 在内的持久性有机污染物的研究、监测和防治。2023 年 3 月，生态环境部等 6 部门发布的《重点管控新污染物清单》中明确提出，严格落实化工生产过程中含 HCBD 的重馏分、高沸点釜底残余物等危险废物管理要求。我国已发布多项水质、环境空气、土壤和沉积物等环境介质中 HCBD 的测定方法标准，但环境质量标准中对 HCBD 的管控还不充分，仅《地表水环境质量标准》（GB 3838—2002）和《生活饮用水卫生标准》（GB 5749—2022）中有限制标准，均为 0.000 6 mg/L。

2.2 分析方法

HCBD 的沸点为 210～220℃，挥发性介于一般挥发性有机物和半挥发性有机物之间，因此其分析方法通常可参考 VOCs 或 SVOCs，可采用吹扫捕集、顶空或液液萃取前处理方法。吹扫捕集、顶空比较适合饮用水和水源水等较干净的水体中痕量有机物的检测，HCBD 的检出限通常为 1～400 ng/L。液液萃取法利用待测组分在水相和有机相间分配系数的差异实现组分的提取和分离，针对几百毫升的水样，一般使用几十毫升的正己烷、二氯甲烷或石油醚等非极性或弱极性有机溶剂萃取，HCBD 的检出限为 0.1～50 ng/L，能达到更低的检出限。

2.2.1 国外相关分析方法

HCBD 参考 VOCs 分析方法时，主要涉及 EPA 和 ISO 的相关方法，参考 SVOCs 分析方法时，主要涉及 EPA 612，采样液液萃取，GC-MS 分析，详见表 2-2。

表2-2 国外水质 HCBD 标准分析方法技术内容

类型	VOCs												SVOCs
标准名称	《饮用水中有机物的分析方法》方法系列（EPA 500）	《废物样品中挥发性有机物的采样及前处理方法》(EPA 5000)		《城市和工业废水中有机化合物的分析方法指南》方法系列（EPA 600）		《GC-MS测定VOCs》（EPA 8000系列）		《水质 单环芳香烃、萘和不同氯化物的测定 吹扫-热解吸 气相色谱法》(ISO 15680—2003)	《水质 高挥发性卤代烃的测定 气相色谱法》(ISO 10301—1997)		《水质 苯及其衍生物的测定》(ISO 11423-1—1997)		《有机氯化合物的测定》(EPA 612)
	EPA 524.1~EPA 524.3	EPA 5021	EPA 5030	EPA 601	EPA 624	EPA 8260B	EPA 8260C		第2部分	第3部分	第1部分	第2部分	
适用范围	地表水、地下水、饮用水	废物样品		城市和工业废水		固体废物	—	饮用水、地下水、海水和（稀释）废水	饮用水、地下水、游泳池水、河流和湖泊、生活污水和工业废水	饮用水、地表水和地下水	水和废水均质样品		洁净水
前处理方式	吹扫捕集	顶空	吹扫捕集	吹扫捕集	吹扫捕集	吹扫捕集（5030、5035）、顶空（5021）、真空蒸馏（5031）、共沸蒸馏（5032）、吸附管采样（5041）及直接注射等		吹扫捕集-热解吸	液液萃取	顶空	顶空	液液萃取	液液萃取
检测方法	GC-MS	—	—	GC-ECD	GC-MS	GC-MS	GC-MS	GC-MS 或其他	GC		GC		GC-MS

2.2.2　国内相关分析方法

国内标准中涉及水中 HCBD 分析方法的主要是参考 VOCs 的相关方法，详见表 2-3。

表 2-3　国内水质 HCBD 标准分析方法技术内容

标准名称	GB/T 5750.8—2023	HJ 639—2012	HJ 686—2014	HJ 620—2011	HJ 810—2016	SL 393—2007
适用范围	饮用水、水源水	地表水、地下水、海水、生活污水、工业废水				地表水、地下水、饮用水
前处理方式	吹脱捕集	吹脱捕集	吹脱捕集	顶空	顶空	吹脱捕集
检测方法	GC-MS	GC-MS	GC-FID/ECD	GC-ECD	GC-MS	GC-MS
方法检出限	0.121 μg/L	0.6 μg/L	0.1 μg/L	0.02 μg/L	7 μg/L	4.8 μg/L

2.3　采集、保存和运输技术要求

2.3.1　采集

样品采集包括采样容器、采样体积、固定剂的添加和现场质控四部分关键内容，水样采集技术要点与选用的分析方法相关。

（1）采样容器

若参考 VOCs 的相关分析方法：

采样容器推荐为 40 ml 具聚四氟乙烯内衬垫螺旋盖棕色玻璃瓶。

若参考 SVOCs 的相关分析方法：

EPA 612 中规定采用玻璃瓶采集水样，采样瓶使用前用洗涤剂洗
1 次，自来水洗 3 次，蒸馏水洗 1 次，但未对采样瓶盖进行统一要求。
为方便样品运输，推荐使用具聚四氟乙烯内衬旋盖细口玻璃瓶采集样品。

（2）采样体积

若参考 VOCs 的相关分析方法：

推荐采集样品时应使水样在样品瓶中溢流而不留空间，尽量避免或
减少样品在空气中暴露。

若参考 SVOCs 的相关分析方法：

EPA 612 中规定采样量最少为 1 L，采样体积一般与分析方法的要求
有关，各标准对采样体积的规定存在差异。推荐采样体积至少为 1 L。

（3）固定剂的添加

若参考 VOCs 的相关分析方法：

推荐先通过余氯试纸判定水样中是否有余氯，若有余氯，则采样前，
每 40 ml 样品加入 25 mg 的抗坏血酸。如果水样中总余氯的量超过 5 mg/L，
则先按 HJ 586—2010 附录 A 的方法测定总余氯，再确定抗坏血酸的加入
量。在 40 ml 样品瓶中，总余氯每超过 5 mg/L，需多加 25 mg 抗坏血酸。
采样时，水样呈中性时向每个样品瓶中加入 0.5 ml 盐酸溶液，拧紧瓶盖；
水样呈碱性时应加入适量盐酸溶液使样品 pH≤2。

若参考 SVOCs 的相关分析方法：

EPA 612 中考虑了余氯的影响，要求若有余氯，每升水加 80 mg 硫
代硫酸钠去除余氯。样品采集时，推荐先通过余氯试纸判定水样中是否
有余氯，若有余氯，每升水加 80 mg 硫代硫酸钠去除余氯。

（4）现场质控

若参考 VOCs 的相关分析方法：

推荐采集全程序空白、运输空白和所有样品平行。

若参考 SVOCs 的相关分析方法：

EPA 612 中对采样现场质控无明确要求，考虑到 HBCD 具有一定的挥发性，采样和运输过程可能会存在本底干扰，推荐采集全程序空白样品。

2.3.2　保存

若参考 VOCs 的相关分析方法并按照 VOCs 进行采集样品，则推荐水样置于 4℃ 条件下冷藏，水样 pH≤2 时，保存时间为 14 d，水样未酸化时，保存时间为 24 h。

若参考 SVOCs 的相关分析方法并按照 SVOCs 进行采集样品，主要参考 EPA 612 的相关规定。EPA 612 中规定水样于 4℃ 冷藏或冷冻保存，7 d 内完成样品的提取，提取液可保存 40 d。考虑到玻璃瓶采集的水样冷冻后易造成样品瓶破裂，且样品解冻时间较长，推荐样品保存条件为 4℃ 冷藏，保存时间与 EPA 612 一致。

2.3.3　运输

国内外标准并未对运输环节进行单独规定，运输过程条件一般应与样品保存条件保持一致（2.3.2），同时样品运输过程中和存放区域应无有机物干扰。

2.3.4 小结

根据参考分析方法选择不同的采集、保存和运输条件：

（1）参考 VOCs 的分析方法

按照 GB 17378.3—2007、HJ 91.1—2019、HJ 91.2—2022、HJ 164—2020 和 HJ 442.3—2020 的相关规定采集样品。所用采样瓶为 40 ml 具聚四氟乙烯–内衬垫螺旋盖棕色玻璃瓶，样品瓶应在采样前用甲醇清洗，采样时不需用样品进行荡洗。采集样品时，应使水样在样品瓶中溢流而不留空间，尽量避免或减少样品在空气中暴露。所有样品均采集平行双样，每批样品应带一个全程序空白和一个运输空白。

采样前先通过余氯试纸判定水样中是否有余氯，若有余氯，则向样品瓶中加入 25 mg 抗坏血酸。如果水样中总余氯的量超过 5 mg/L，应按 HJ 586—2010 附录 A 的方法测定总余氯后，再确定抗坏血酸的加入量。在 40 ml 样品瓶中，总余氯每超过 5 mg/L，需多加 25 mg 抗坏血酸。采样时，若水样呈中性，则向每个样品瓶中加入 0.5 ml（1+1）盐酸溶液，拧紧瓶盖；若水样呈碱性，则加入适量盐酸溶液使样品 pH≤2。采集完水样后，应在样品瓶上立即贴上标签。

当水样加盐酸溶液后产生大量气泡时，应弃去该样品，重新采集样品。重新采集的样品不应加盐酸溶液，样品标签上应注明未酸化，该样品应在 24 h 内分析。

样品采集后冷藏运输。运回实验室后应立即放入冰箱中，样品存放区域应无有机物干扰，在 4℃条件下可以保存 14 d。

（2）参考 SVOCs 的分析方法

按照 GB 17378.3—2007、HJ 91.1—2019、HJ 91.2—2022、HJ 164—2020 和 HJ 442.3—2020 的相关规定采集样品。使用采样体积大于 1 L 具聚四氟乙烯内衬旋盖棕色细口玻璃瓶采集样品。采集样品时应同时准备全程序空白样品。采样前先通过余氯试纸判定水样中是否有余氯，若有余氯，每升水加入 80 mg 硫代硫酸钠。4℃下避光保存，7 d 内完成萃取，萃取液可保存 40 d。

参考文献

[1] 水质 半挥发性有机物的测定 气相色谱－质谱法（征求意见稿）[S].

[2] EPA Method 612. Chlorinated Hydrocarbons[S].

[3] 水质 挥发性有机物的测定 吹扫捕集 气相色谱－质谱法 : HJ 639—2012[S].

[4] FUCHSMAN P C, SFERRA J C, BARBER T R. Three lines of evidence in a sediment toxicity evaluation for hexachlorobutadiene[J]. Environmental Toxicology and Chemistry, 2000, 19(9): 2328-2337.

[5] SWAIN A, TURTON, SCUDAMORE C L, et al. Urinary biomarkers in hexachloro-1: 3-butadiene-induced acute kidney injury in the female Hanover Wistar rat; correlation of α-glutathione S-transferase, albumin and kidney injury molecule-1 with histopath-ology and gene expression[J]. Journal of Applied Toxicology, 2011, 31(4): 366-377.

[6] 杨建丽. 长江河口局部有机污染物分布及生态风险评价 [D]. 北京：北京化工大学, 2009.

[7] LEI W, BIE P, ZHANG J. Estimates of unintentional production and emission of hexachlorobutadiene from 1992 to 2016 in China－ScienceDirect[J]. Environmental Pollution, 2018, 238: 204-212.

[8] 奚晔, 郑嵘, 詹铭. 顶空气相色谱法测定饮用水中 11 种氯苯类化合物及六氯丁二烯 [J]. 上海预防医学, 2017(1): 44-47, 53.

[9] ZHANG H, WANG Y, CHENG S, et al. Levels and distributions of hexachlorobutadiene and three chlorobenzenes in biosolids from wastewater

treatment plants and in soils within and surrounding a chemical plant in China[J]. Environmental Science & Technology, 2014, 48(3): 1525.

[10] 薛勇, 陈红果, 杨晓松, 等. 吹扫捕集－气相色谱法测定饮用水中 6 种氯苯类化合物及六氯丁二烯 [J]. 中国卫生检验杂志, 2017, 27(8): 3.

[11] 陈锡超, 罗茜, 宋翰文, 等. 北京官厅水库特征污染物筛查及其健康风险评价 [J]. 生态毒理学报, 2013, 8(6): 981-992.

[12] BOROUSHAKI M T, MOFIDPOUR H, DOLATI K. Protective effects of verapamil against hexachlorobutadiene nephrotoxicity in rat[J]. Iranian Journal of Medicalences, 2004, 29(3): 101-104.

[13] 王雷, 周凌雁, 魏涛, 等. 阿克苏饮用水源中挥发性有机物污染现状评价及对策 [J]. 新疆环境保护, 2017, 39(1): 6.

[14] 沈桢, 张建荣, 郑家传. 基于不同用地规划的人体健康风险评估 [J]. 环境监测管理与技术, 2016, 28(3): 33-36.

[15] 韩余, 田琳, 唐阵武. 六氯丁二烯的来源、环境分布及其生态风险研究进展 [J]. 环境污染与防治, 2019, 41(2): 8.

[16] 王尧天, 张海燕, 史建波, 等. 六氯丁二烯分析方法研究进展 [J]. 色谱, 2021, 39(1): 11.

三氯杀螨醇

3.1　基本概况

3.1.1　理化性质

　　三氯杀螨醇（DCF）又名开乐散（Kelthane），是现代农牧业生产中常用的有机氯杀虫剂之一，其纯品为白色固体，工业品呈褐色黏稠状，相对密度 1.45 g/cm³，熔点 78.5～79.5℃，沸点 225℃，几乎不溶于水，溶于苯、丙酮、醇、醚等有机溶剂，在酸性条件下相对稳定，遇碱可水解为三氯甲烷和苯酮，其结构见图 3-1。

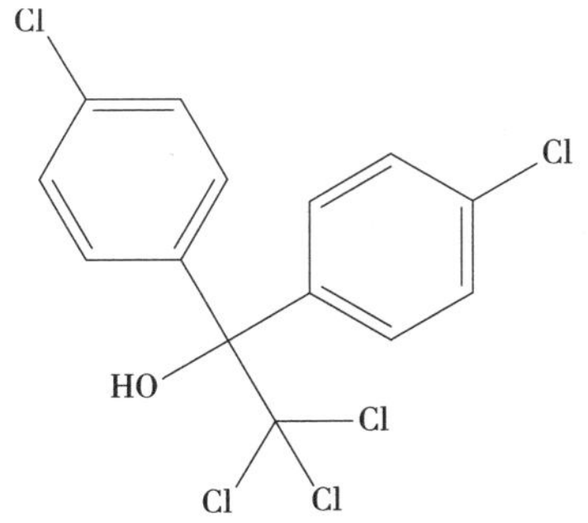

图 3-1　DCF 的结构

3.1.2　环境危害

　　近年来已有越来越多的证据表明，DCF 在环境中的暴露对鱼类、爬行类、鸟类、哺乳类和人类有毒性和雌激素效应，对水生生物有极高毒性。该化学品可能在鱼体内发生生物蓄积作用。对人类短期接触的影响：刺激眼睛和皮肤，并可能影响中枢神经系统，影响肝和肾功能。吸入后导致意识模糊、惊厥、咳嗽、头晕、头痛、恶心、呕吐、虚弱、定向力障碍和腹部疼痛、腹泻。皮肤长期或反复接触可引起皮炎。DCF 的合成原料和代谢产物为滴滴涕，与滴滴涕同属干扰人或动物内分泌系统的环境激素，对部分动物表现出致癌、致畸和致突变效应。毒性强于百菌清，其急性毒性是百菌清的 30 倍，可在环境中长时间存在，属于持久性有机污染物。

3.1.3　管理需求

早在 2007 年，国务院就批准了《中国履行斯德哥尔摩公约国家实施计划》，该计划明确表示将逐步减少和淘汰 DCF 的生产，践行绿色承诺。2017 年 10 月 27 日，世界卫生组织国际癌症研究机构公布的致癌物清单，DCF 在 3 类致癌物清单中。2020 年 8 月 18 日，据欧盟官方公报消息，欧盟委员会发布（EU）2020/1204 条例，将 DCF 纳入持久性有机污染物（POPs）法规附录 I 的第 A 部分，即 DCF 被列入欧盟 POPs 控制名单。

3.2　分析方法

3.2.1　国外相关分析方法

美国环境标准、美国药典及国际标准化组织（ISO）均暂无 DCF 的标准检测方法。

3.2.2　国内相关分析方法

国内目前测定 DCF 的标准方法主要有两项，分别为《水质　有机氯农药和氯苯类化合物的测定　气相色谱 - 质谱法》（HJ 699—2014）和《茶叶、水果、食用植物油中三氯杀螨醇残留量的测定》（GB/T 5009.176—2003）。

此外，国内外学者针对 DCF 的方法研究主要集中在茶叶、蔬菜、水果等农产品以及鱼类等水产品中，水中及土壤沉积物中 DCF 测定的研究相对较少，王林玲等研究了水中 DCF 的测定方法，谢湘云等进行了土壤和沉积物中有机氯农药的测定方法研究。国内外 DCF 分析方法见表 3-1。

表 3-1　国内外 DCF 分析方法汇总

方法名称	制定年份	适用范围	前处理方式	检测方法	方法检出限
HJ 699—2014	2014	地表水、地下水、生活污水、工业废水、海水	液液萃取、固相萃取	气相色谱质谱法	液液萃取：0.031 µg/L（取样量为 100 ml）；固相萃取：0.025 µg/L（取样量为 200 ml）
GB/T 5009.176—2003	2003	茶叶、水果、食用植物油	超声、振荡	气相色谱法	茶叶、水果：1.6×10^{-2} mg/kg（试样量为 5 g）；食用植物油：1.6×10^{-2} mg/kg（试样量为 1 g）
文献（固相萃取 - 气相色谱质谱法同时测定水中三氯杀螨醇、艾氏剂、狄氏剂和异狄氏剂）	2021	水	固相萃取（HLB 固相萃取柱）	气相色谱质谱法（SIM）	0.03 µg/L（取样量为 1 L）

续表

方法名称	制定年份	适用范围	前处理方式	检测方法	方法检出限
文献（固相萃取－气质联用法测定水中三氯杀螨醇及百菌清）	2005	水	固相萃取（C$_{18}$固相萃取柱）	气相色谱质谱法（SIM）	0.001 2 µg/L（取样量为 500 ml）
文献（气相色谱法测定水中三氯杀螨醇和拟虫菊酯的方法验证）	2015	水	液液萃取（石油醚分两次萃取，每次10 ml）	气相色谱法（ECD）	0.012 ng（10 倍信噪比）；0.06 µg/L（取样量为 200 ml）
文献（高效液相色谱法测定饮用水中莠去津、三氯杀螨醇、氰戊菊酯、甲氰菊酯和二氯苯醚菊酯）	2020	饮用水	液液萃取（二氯甲烷分两次萃取，每次 10 ml，溶剂置换为甲醇）；固相萃取（HLB 固相萃取柱）	液相色谱法	0.006 mg/L（取样量为 200 ml）
文献（气质法测定水中三氯杀螨醇及 7 种拟除虫菊酯类农药残留）	2010	水	液液萃取（石油醚分两次萃取，每次10 ml）	气相色谱质谱法（MRM）	—
文献（固相萃取小柱净化 气相色谱法测定土壤和沉积物中有机氯和拟除虫菊酯农药残留）	2006	土壤和沉积物	振荡（10 ml 乙酸乙酯－正己烷（1∶1，$V∶V$）振摇 60 min，固相萃取柱净化）	气相色谱法（ECD）	0.44 µg/kg（称样量为 2.5 g）

方法名称	制定年份	适用范围	前处理方式	检测方法	方法检出限
文献（Determination of dicofol in aquatic products using molecularly imprinted solid-phase extraction coupled with GC-ECD detection）	2011	水产品及农产品（苹果、橘子、茶叶、土、鱼等）	振荡（25 ml 正己烷振荡后浸泡 30 min，离心，固相萃取柱净化）	气相色谱法（ECD）	0.1～80 ng/g（取样量为 0.5～100 g）

3.3 采集、保存和运输技术要求

3.3.1 采集

样品采集包括采样容器、采样体积、固定剂的添加和现场质控四部分关键内容。

（1）采样容器

为避免 DCF 与塑料材质发生吸附而导致化合物损失或污染，EPA 8270E、EPA 8081B、HJ 699—2014 和 GB 7492—1987 均规定使用玻璃采样瓶，其中 EPA 8081B 和 HJ 699—2014 规定使用玻璃塞磨口瓶或具聚四氟乙烯衬垫的棕色螺口玻璃瓶。

（2）采样体积

采样体积一般与分析方法的要求有关，各标准对采样体积的规定存在差异，分别为不少于 200 ml（HJ 699—2014）、500 ml（GB 7492—1987）、

1 L（EPA 8081B、EPA 8270E），从代表性的角度考虑采样体积一般不应低
于 1 L。

（3）固定剂的添加

EPA 8081B 和 EPA8270E 要求添加 80 mg 硫代硫酸钠以消除样品中
的余氯；HJ 699—2014 要求采样后立即加入盐酸调节至 pH<2；其他标
准方法未对添加试剂进行要求。

（4）现场质控

由于在采样和运输过程中可能存在本底干扰，在采集样品时应同时
准备全程序空白样品。用采样瓶装满水带至采样现场，采样时将水转移
至另一个采样瓶中，调节 pH<2，作为全程序空白样品，随实际水样一
起保存并运输至实验室。

3.3.2 保存

国内外标准及文献研究中关于样品的保存要求如表 3-2 所示。保存
温度为 4～6℃冷藏，在保存时间方面，要求 7 d 内完成萃取。

表 3-2 有机氯农药标准分析方法样品保存要求

序号	标准方法	保存条件	其他
1	EPA 8081B	6℃以下，7 d	避光保存，萃取后 40 d 内完成分析。若水样中含余氯，则加入硫代硫酸钠至浓度为 0.008%
2	EPA 8270E	6℃以下，7 d	避光保存，萃取后 40 d 内完成分析。若水样中含余氯，则加入硫代硫酸钠至浓度为 0.008%
3	HJ 699—2014	pH<2，4℃，7 d	避光保存，萃取后 40 d 内完成分析
4	GB 7492—1987	4℃，14 d	—

向实际水样中加入一定标准液模拟含目标化合物水样，用盐酸溶液调节水样，使 pH<2，存放于无有机物干扰的区域，4℃以下进行保存实验，结果见表 3-3。

表 3-3　DCF 样品保存实验结果

保存天数 /d	0	1	2	3	5	7
加标回收率 /%	103	94.5	90.2	91.1	88.7	84.2

综合标准方法、文献研究和保存实验结果，推荐保存条件为调节 pH<2，4℃冷藏，避光保存，7 d 内完成萃取，40 d 内完成分析。

3.3.3　运输

国内外标准并未对运输环节进行单独规定，运输过程条件一般应与样品保存条件保持一致（3.3.2），同时样品运输过程中和存放区域应无有机物干扰。

3.3.4　小结

按照 GB 17378.3—2007、HJ 91.1—2019、HJ 91.2—2022、HJ 164—2020 和 HJ 442.3—2020 的相关规定采集样品。用 1 L 具玻璃塞棕色磨口瓶或具聚四氟乙烯衬垫的棕色螺口玻璃瓶采集样品。若水样中含余氯，则加入 80 mg 硫代硫酸钠。用盐酸溶液调节水样使 pH<2，4℃冷藏，避光保存和运输。水样 7 d 内完成萃取，萃取液 40 d 内完成分析。

参考文献

[1] 李娟, 甘居利. 渔业环境三氯杀螨醇的污染与危害 [J]. 南方水产科学,
    2010, 6(3): 66-73.

[2] 陈宗懋. 三氯杀螨醇为何禁止在茶叶上使用 [J]. 农业科学与管理,
    1996(3): 32-33.

[3] 罗东莲. 福建漳江口水域表层水、沉积物及水生生物中三氯杀螨醇的残
    留研究 [J]. 福建水产, 2015, 37(2): 119-126.

[4] 李娟, 贾晓平, 甘居利. 南海北部沿岸海域近江牡蛎体中的三氯杀螨醇 [J].
    海洋环境科学, 2012, 31(2): 237-240.

[5] 王长方, 胡进锋, 王俊, 等. 柑桔园中胜红蓟对三氯杀螨醇的富集 [J]. 农
    业环境科学学报, 2007, 6 (6): 2334-2338.

[6] YANG X L, WANG S S, BLAN Y, et al. Dicofol application resulted in high
    DDTs residue in cotton fields from northern Jiangsu Province, China[J].
    Journal of Hazard Materials, 2008, 150(1): 92-98.

[7] XUE N D, XU X B, JIN Z L. Screening 31 endocrine—disrupting pesticides
    in water and surface sediment samples from Beijing Guanting reservoir[J].
    Chemosphere, 2005, 61 (11): 951-1606.

[8] TAO S, LI B G, HE X C, et al. Spatial and temporal variations and possible
    sources of Dichlorodiphe-nyltrichloroethane (DDT) and its metabolites in
    rivers in Tianjin, China [J]. Chemosphere, 2007, 68(1): 10-16.

[9] 梁刚, 唐超智. 三氯杀螨醇的雌激素效应及其机制的研究进展 [J]. 四川环
    境, 2004, 23(5): 54, 56, 71.

[10] 邢兆伍, 刘存玉, 毕立国, 等. 三氯杀螨醇提纯工艺 [J]. 农药, 2006,
     45(10): 672-674.

[11] 刘存玉. 三氯杀螨醇精制方法研究 [J]. 精细石油化工进展, 2006, 7(7):
     32-36.

[12] 汪光，吕永龙，史雅娟，等．北京东南化工区土壤有机氯农药污染特征和分布规律 [J]. 环境科学与技术，2010, 33(9)：91-96.

[13] XINGHUA QIU, TONG ZHU, BO YAO, et al. Contribution of dicofol to the current DDT pollution in China[J]. Environ. Sci. Technol, 2005,39(12): 4385-4390.

[14] 王林玲，王兴龙．固相萃取－气相色谱质谱法同时测定水中三氯杀螨醇、艾氏剂、狄氏剂和异狄氏剂 [J]. 分析仪器，2021(6): 44-47.

[15] 陈剑刚，朱克先，张亦庸，等．固相萃取－气质联用法测定水中三氯杀螨醇及百菌清 [J]. 中国卫生检验杂志，2005, 15(4): 418-420.

[16] 蒋瑜宏，周闰．气相色谱法测定水中三氯杀螨醇和拟除虫菊酯的方法验证 [J]. 江苏预防医学，2015, 26(3): 48-50.

[17] 吴飞，邵爱梅，徐晓培．高效液相色谱法测定饮用水中莠去津、三氯杀螨醇、氰戊菊酯、甲氰菊酯和二氯苯醚菊酯 [J]. 现代预防医学，2020, 47(19): 3619-3622.

[18] 徐迎春，宁文吉，王颖，等．气质法测定水中三氯杀螨醇及 7 种拟除虫菊酯类农药残留 [J]. 现代预防医学，2010, 37(20): 3910-3913.

[19] 谢湘云，沈爱斯，叶江雷，等．固相萃取小柱净化－气相色谱法测定土壤和沉积物中有机氯和拟除虫菊酯农药残留 [J]. 环境化学，2006, 25(3): 347-350.

[20] HUI WANGA, HONGYUAN YAN A B, MANDE QIU B, et al. Determination of dicofol in aquatic products using molecularly imprinted solid-phase extraction coupled with GC-ECD detection[J]. Talanta, 2011 (85): 2100-2105.

[21] 陈海玲，林麒，王翠玲，等．固相萃取－在线凝胶渗透色谱－气相色谱－串联质谱法测定水中 31 种有机氯农药 [J]. 理化检验（化学分册），2021, 57(5): 450-458.

[22] 李妃，陶建斌，柯志恒，等．气相色谱法测定洞头海域海水中 16 种有机氯农药残留量 [J]. 中国卫生检验杂志，2021, 31(17): 2060-2063.

[23] 柳颖萍，朱辉．气相色谱法测定水和废水中的 10 种有机氯农药 [J]. 化工管理，2020(17): 25-27.

[24] 何作伟，曹建荣，朱成达，等 . 东平湖表层沉积物中有机氯农药 (OCPs)
污染特征研究 [J]. 环境科学与管理 , 2022, 47(2): 149-154.

[25] 姚婷 . 大连湾与杭州湾海洋环境中 PCBs 和 OCPs 的残留状态及新型被
动采样装置研究 [D]. 大连 : 辽宁师范大学 , 2014.

[26] 郑璐嘉，曾勤 . GC-ECD 测定土壤中 16 种有机氯农药 [J]. 漳州职业技术
学院学报 , 2020, 22(4): 87-92.

4

邻苯二甲酸酯类

4.1 基本概况

4.1.1 理化性质

邻苯二甲酸酯（Phthalate Esters，PAEs）又称酞酸酯，是邻苯二甲酸（又名 1,2- 苯二甲酸）的二烷基或烷芳基酯；它们是由邻苯二甲酸酐和醇类（通常 6～13 个碳原子）反应生成的无色无味液体。PAEs 一般为稳定性高、无色且具有芳香气味或无气味的黏稠油状液体。在水中溶解度很小，易溶于多数非极性有机溶剂中。

将 PAEs 加入塑料中会形成长聚乙烯醇分子以增加结构稳定性。自 19 世纪 60 年代以来，PAEs 和其他分子赋予极性聚合物增塑性的机理一直是研究热点。这个机理是 PAEs 分子极性中心（C═O 官能团）和碳—氯键中碳原子上的乙烯链正电荷区域间的一种极性相互作用。为了建立这种联系，需要在塑化剂存在时加热聚合物，先超过聚合物的玻璃转化温度然后进入融化状态，使聚合物与塑化剂亲密混合，以便发生这些相互作用。冷却时，这些相互作用依然存在且 PVC 链网络无法重组，PAEs 的烷基链与 PVC 链也相互掩藏。

邻苯二甲酸酯类化合物的母体结构见图 4-1。目标化合物基本信息见表 4-1。

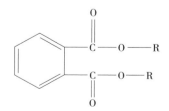

图 4-1 邻苯二甲酸酯类化合物的母体结构

表 4-1　目标化合物基本信息

化合物	英文缩写	CAS 号	分子量	分子式	理化性质
邻苯二甲酸二异丁酯	DIBP	84-69-5	278.34	$C_{16}H_{22}O_4$	无色透明状液体，可燃，稍有芳香味，熔点 -64℃，沸点为 327℃。微溶于水，与纤维素和聚氯乙烯、聚苯乙烯、聚乙酸乙烯等树脂有良好相溶性
邻苯二甲酸二丁酯	DBP	84-74-2	278.34	$C_{16}H_{22}O_4$	无色油状液体，可燃，有芳香气味。熔点 -35℃，沸点 340℃，溶于普通有机溶剂和烃类；25℃时在水中溶解度为 0.03%，水在该品中的溶解度 0.4%。易溶于醇、醚、丙酮和苯
邻苯二甲酸丁基苄酯	BBP	85-68-7	312.36	$C_{19}H_{20}O_4$	无色透明油状液体。微具芳香味，熔点为 -35℃，沸点（常压）：370℃。不溶于水，溶于有机溶剂和烃类
邻苯二甲酸二（2-乙基己基）酯	DEHP	117-81-7	390.56	$C_{24}H_{38}O_4$	无色或淡黄色黏稠液体，微有气味，熔点为 -55℃，沸点（常压）：384℃。不溶于水，能与一般有机溶剂混溶。对乙酰醋酸纤维素、硝酸纤维素、聚甲基丙烯酸甲酯、合成橡胶、达玛树脂、香豆酮树脂、苯乙烯、氯乙烯、乙酸乙烯酯共聚物和氯乙烯等都有很强的溶解能力。聚乙酸乙烯酯和虫胶则难溶解
邻苯二甲酸二正辛酯	DNOP	117-84-0	390.56	$C_{24}H_{38}O_4$	无色无臭黏度高的液体，熔点为 25℃，沸点（0.67 kPa）：231℃。难溶于水，对乙酰醋酸纤维素、硝酸纤维素、聚甲基丙烯酸甲酯、聚苯乙烯、氯乙烯、乙酸乙烯酯共聚物、聚氯乙烯、石蜡油、达玛树脂、香豆酮树脂等有很强的溶解能力。聚乙酸乙烯酯和虫胶难以溶解，醋酸纤维素则不溶

4.1.2　环境危害

PAEs 作为增塑剂广泛应用于塑料工业，尤其是 PVC 材料中。PVC 材料在生产建筑材料、包装材料、电子材料、日用消费品、玩具、纺织品、汽车部件和医用制品中广泛应用，而 PAEs 在塑料中并非以化学键结合于聚合物中，很容易溶出并迁移到环境中。目前多项研究表明，PAEs 已普遍存在于大气飘尘、工业废水、地表水和土壤、固体废物中，食品、玩具、饮用水、人体体液中也检测到该类物质。

PAEs 被归类为内分泌破坏性物质，分子结构大多与生物内源性雌激素有一定的相似性。进入人体后与相应的激素受体结合，产生与激素相同的作用，干扰体内激素正常水平并表现出生物累积性，可改变人体荷尔蒙中的雌激素水平，影响生物体内激素的正常分泌，导致细胞突变、致畸和致癌、致生殖及发育损害等，从而导致严重的健康问题。

1982 年，美国国家癌症研究所对 DNOP、DEHP 的致癌性进行了生物鉴定，认为 DNOP 和 DEHP 能对啮齿类动物的肝脏致癌。国际癌症研究所（IARC）根据 DEHP 为过氧化物酶体增殖剂，已将其列为人类可疑的促癌剂，EPA 也将 DEHP 列为 B2 类致癌物质。欧盟在 2007 年 1 月 16 日开始执行关于邻苯二甲酸酯的新标准（2005/84/EC）。根据标准要求，DBP、BBP 和 DEHP 被限制在所有的儿童玩具、服装、PVC 材料及所有可能被放入口中的物品中使用。目前，越来越多的研究证明，PAEs 与睾丸 Leydig 细胞、Sertoli 细胞、Germ 细胞等作用，干扰雄激素合成，具有类雌激素作用和抗雄激素作用，导致生殖发育系统异常。许多权威科学家和国际研究小组已认定，过去几十年男性精子数量持续减少、生育能力下降与吸收越来越多的 PAEs 密切相关。

4.1.3 管理需求

目前，PAEs 引起的环境污染已受到全球性关注，如 EPA 将 DEHP、DNOP、BBP、DBP、DEP、DMP 6 种 PAEs 列为优先控制的有毒污染物，中国也将 DEP、DMP 和 DNOP 3 种 PAEs 确定为环境优先控制污染物。日本、美国等经济发达国家和地区对饮用水中的 PAEs 制定了严格的控制标准。与 PAEs 相关的国内外水质标准如下：我国《地表水环境质量标准》（GB 3838—2002）、《生活饮用水卫生标准》（GB 5749—2022）、《城市供水水质标准》（CJ/T 206—2005）、《污水综合排放标准》（GB 8978—1996）、《城镇污水处理厂污染物排放标准》（GB 18918—2002）、《石油化学工业污染物排放标准》（GB 31571—2015）和《地下水质量标准》（GB/T 14848—2017）、EPA 的《国家饮用水水质标准》、日本的《日本生活饮用水水质标准》、WHO 的《饮用水水质准则》。

我国以及世界各国、地区及国际组织对邻苯二甲酸酯类化合物的部分组分均有相应的浓度限值和排放标准，见表 4-2。

表 4-2　各国、地区及国际组织对邻苯二甲酸酯类化合物的控制标准

标准名称	DEP/ （mg/L）	DBP/ （mg/L）	DEHP/ （mg/L）	DNOP （mg/L）
《地表水环境质量标准》（GB 3838—2002）	—	0.003	0.008	—
《生活饮用水卫生标准》（GB 5749—2022）	0.3	0.003	0.4	—
《城市供水水质标准》（CJ/T 206—2005）	—	—	0.008	—
EPA《国家饮用水水质标准》	—	—	0.006	—
《日本生活饮用水水质标准》	—	—	0.06	—
WHO《饮用水水质准则》	—	—	0.008	—

续表

标准名称		DEP/ （mg/L）	DBP/ （mg/L）	DEHP/ （mg/L）	DNOP （mg/L）
《污水综合排放标准》 （GB 8978—1996）	一级标准	—	0.2	—	0.3
	二级标准	—	0.4	—	0.6
	三级标准	—	2	—	2
《城镇污水处理厂污染物排放标准》 （GB 18918—2002）		—	日均 0.1	日均 0.1	
《石油化学工业污染物排放标准》 （GB 31571—2015）		3	0.1	4	0.1
《地下水质量标准》 （GB/T 14848— 2017）	Ⅰ类	—	—	≤0.003	—
	Ⅱ类	—	—	≤0.003	—
	Ⅲ类	—	—	≤0.008	—
	Ⅳ类	—	—	≤0.3	—
	Ⅴ类	—	—	＞0.3	—

4.2　分析方法

4.2.1　国外相关分析方法

　　国际上针对水中邻苯二甲酸酯类化合物的测定大多使用 GC-ECD 法或 GC-MS 法，如《半挥发性有机物的气相色谱－质谱（GC-MS）法》（EPA 8270C：1996）中包括 6 种邻苯二甲酸酯类的测定；EPA 606 规定了测定城市和工业废水中 6 种苯二甲酸酯类的标准方法，该方法规定水样用二氯甲烷萃取，浓缩后将溶剂换为正己烷，硅酸镁柱或氧化铝柱净化后气相色谱－电子捕获检测器法（GC-ECD）分离检测；EPA 8061 利

用气相色谱－电子捕获检测器（GC-ECD）测定水、土壤和沉积物中的
6 种邻苯二甲酸酯类物质；《水质　特定邻苯二甲酸酯类的气相色谱－质
谱联用（GC-MS）法》（ISO 18856：2004）规定了适用于最大浓度为
0.02～0.15 mg/L 的地表水、地下水、废水和饮用水的邻苯二甲酸酯类检
测方法。

　　主要国家、地区及国际组织关于邻苯二甲酸酯类化合物的标准检测
方法见表 4-3。

表 4-3　各国、地区及国际组织邻苯二甲酸酯类化合物标准检测方法

方法名称	标准制定年份	适用样品	前处理方法	溶剂	检测器	目标物及检出限
EPA 606	1984	城市和工业废水	液液萃取	二氯甲烷	GC-ECD	DBP（0.36 μg/L）、BBP（0.34 μg/L）、DEHP（2.0 μg/L）、DMP（0.29 μg/L）、DEP（0.49 μg/L）、DNOP（3.0 μg/L）
EPA 8061	1996	水、土壤和沉积物	氧化铝或弗罗里硅土进行净化		GC-ECD	DBP（0.33 μg/L）、BBP（0.042 μg/L）、DEHP（0.27 μg/L）、DMP（0.64 μg/L）、DEP（0.25 μg/L）、DNOP（0.049 μg/L）
EPA 8270	1998	水	液液萃取	二氯甲烷	GC-MS	6 种
《水质　特定邻苯二甲酸酯类的气相色谱－质谱联用（GC-MS）法》（ISO 18856：2004）	2004	地表水、地下水、废水和饮用水	固相萃取	乙酸乙酯	GC-MS	DMP、DEP、DPP、DiBP、DBP、BBzP、DCHP、DEHP、DOP、DDcP、DUP（0.02～0.15 μg/L）

续表

方法名称	标准制定年份	适用样品	前处理方法	溶剂	检测器	目标物及检出限
欧盟标准《儿童用品和儿童护理用品 餐具盒喂养器具 安全要求及其测试》（EN 14372—2004）	2004	PVC	索氏提取	正己烷	GC-MS	DBP、BBP、DEHP、DNOP、DINP、DIDP
欧盟标准《纺织品邻苯二甲酸酯的测定方法》（BSEN 15777—2009）	2009	纺织品涂层	索氏提取	正己烷	GC-MS	DBP、BBP、DEHP、DNOP、DINP、DIDP

4.2.2　国内相关分析方法

我国目前在环境、纺织品、儿童用品等领域均有相应的行业检测标准方法。其中，环境水质相关标准（表4-4）有：

《水质　邻苯二甲酸二甲（二丁、二辛）酯的测定　液相色谱法》（HJ/T 72—2001）规定了测定水和废水中DMP、DBP、DNOP的液相色谱法。100 ml水样经过正己烷萃取后进入正相液相色谱分析，最低检出限分别为DMP：0.1 μg/L，DBP：0.1 μg/L，DNOP：0.2 μg/L。但该标准未包含我国《地表水环境质量标准》（GB 3838—2002）、《生活饮用水卫生标准》（GB 5749—2022）、《城市供水水质标准》（CJ/T 206—2005）中均要求控制的DEHP指标。标准中未提及邻苯二甲酸酯类化合物测定中存在的空白干扰问题。

《水质　6种邻苯二甲酸酯类化合物的测定　液相色谱－三重四极杆

质谱法》（HJ 1242—2022）采用小体积液液萃取方式，尽可能地简化了水样前处理步骤，对空白干扰开展了充分的研究。

《海洋环境中邻苯二甲酸酯类的测定　气相色谱－质谱法》（HY/T 179—2015）中规定了海水、沉积物和生物体中 16 种邻苯二甲酸酯类化合物的测定，其中海水样品采用固相萃取法，水样体积为 500 ml，各目标物的检出限均为 ng/L 水平。但该标准中未提及空白控制要求，结果计算采用空白扣除方式。

邻苯二甲酸酯　气相色谱－质谱法［《水和废水监测分析方法（第四版）》国家环境保护总局（2002 年）］与 HJ 1242—2022 一致，也是采用小体积液液萃取方式，对水样前处理过程中空白干扰的控制效果较好。

表 4-4　我国目前现行的水质分析方法实验过程及空白情况

方法名称	实验过程	空白情况	检出限
邻苯二甲酸酯　气相色谱－质谱法［《水和废水监测分析方法（第四版）》国家环境保护总局（2002 年）］	取样 100 ml，5 ml 正己烷萃取后，进样（容量瓶萃取）	0.05～0.3 µg/L	0.1 µg/L（仪器）
《海洋监测技术规程　第 1 部分：海水》（HY/T 147.1—2013/20.2 酞酸酯类化合物）气相色谱－质谱法	1 L 水样用 80 ml 二氯甲烷萃两次，浓缩至 2 ml 后加入正己烷 10 ml，再浓缩至 2 ml 净化，乙醚－正己烷（1+4）100 ml 洗脱浓缩至 1 ml，进样	0.1～1.0 µg/L	0.05 µg/L（仪器）
《水质　6 种邻苯二甲酸酯类化合物的测定　液相色谱－三重四极杆质谱法》（HJ 1242—2022）	取样 10 ml，5 ml 乙腈萃取后，进样 5 µl；取样 100 ml，2 ml 正己烷萃取后，进样 10 µl（容量瓶萃取）	低于检出限	0.8～9 µg/L 0.3～0.4 µg/L
《水质　邻苯二甲酸二甲（二丁、二辛）酯的测定　液相色谱法》（HJ/T 72—2001）	100 ml 水样用 10 ml 正己烷萃取两次，浓缩至 1 ml，进样（分液漏斗萃取）	0.1～0.5 µg/L	0.1～0.2 µg/L

4.3　采集、保存和运输技术要求

4.3.1　采集

样品采集包括采样容器、采样体积、固定剂的添加和现场质控四部分关键内容。

（1）采样容器

HJ 1242—2022 规定采用不锈钢容器或玻璃容器采水器、1 L 具塞磨口棕色玻璃瓶进行采样。长期未使用的干净玻璃瓶在采样前，应用乙腈、正己烷有机溶剂荡洗晾干后使用。HJ/T 72—2001 规定用玻璃瓶采集水样，采样前需用样品将采样瓶冲洗 3 次。HY/T 147.1—2013 未做明确规定。

由于邻苯二甲酸酯类为增塑剂，在塑料制品中广泛存在，为了避免污染，该项目水样采集与分析所有过程应不接触塑料制品。因此应采用不锈钢容器或玻璃容器采水器及具塞磨口玻璃瓶采样。

（2）采样体积

HJ 1242—2022 规定水样采样体积至少为 250 ml，HY/T 147.1—2013 要求水样采样体积为 1 000 ml，HJ/T 72—2001 规定采样体积为 100 ml。因此采样体积应根据所选择方法的灵敏度进行确定，范围为 100～1 000 ml。

（3）固定剂的添加

HJ 1242—2022 规定水样采集后应立即测定水样 pH，如果水样 pH＜5 或 pH＞7，可采用氢氧化钠溶液或盐酸溶液将水样 pH 调节至 5～7。HJ/T 72—2001 规定水样采集后用氢氧化钠溶液或盐酸溶液将水样 pH 调节至 7 左右。HY/T 147.1—2013 未做明确规定。

由于邻苯二甲酸酯类在 pH＜5 或 pH＞7 时会发生水解，因此如果水样 pH 不在 5～7 之间，应用氢氧化钠溶液或盐酸溶液将水样 pH 调节至

5～7，采样瓶瓶口塞紧后用铝箔纸封口。

（4）现场质控

由于采样和运输过程可能会存在 PAEs 本底干扰，HJ 1242—2022 规定采集样品时应同时采集全程序空白样品。用干净的 1 L 具塞磨口棕色玻璃瓶装满实验用水带至采样现场。采样时，将实验用水转移至采样瓶中，充满采样瓶，作为全程序空白样品，随实际样品一起保存并运输至实验室。

4.3.2 保存

（1）水样保存

ISO 18856 中要求水样应在 4 d 内分析，EPA 606 中要求水样应在 7 d 内分析。

HJ 1242—2022 开展了样品保存条件试验。配制 6 种邻苯二甲酸酯类化合物浓度为 3.0 μg/L 的空白加标水样避光储存在 4℃冰箱，于 0 d、1 d、3 d、5 d、7 d 分别取出一定量水样，按乙腈萃取方式分析 BBP、DEP、DMP、DNOP 共 4 种目标物，按正己烷萃取方式分析 DBP 和 DEHP 共 2 种目标物，考察样品稳定性。实验结果表明，空白加标低浓度水样在 7 d 内回收率均稳定在 80%～120%（图 4-2）。

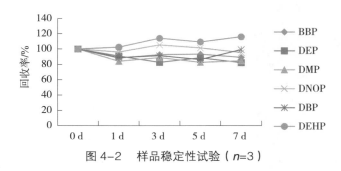

图 4-2　样品稳定性试验（n=3）

为进一步考察实际样品稳定性，重新配制 6 种邻苯二甲酸酯类化合物浓度为 3.0 μg/L 的地表水加标样、地下水加标样、废水加标样、海水加标样和生活污水加标样避光储存在 4℃冰箱，于 1 d、3 d、5 d、7 d 分别取出一定量水样，按乙腈萃取方式分析 BBP、DEP、DMP 和 DNOP 共 4 种目标物，考察实际样品稳定性（表 4-5）。经测定，地表水、地下水、海水、废水 4 种原样中目标物均未检出；生活污水原样中 DMP 检出值为 1.2 μg/L，其余组分均未检出。

表 4-5　实际样品加标稳定性考察（n=3）

目标物	地表水加标回收率 /%				海水加标回收率 /%			
	1 d	3 d	5 d	7 d	1 d	3 d	5 d	7 d
DMP	95.2	110	96.3	105	90.2	104	96.3	80.9
DEP	81.3	86.7	92	84.7	88.3	95.3	81.1	75.3
BBP	92.9	106	96.8	113	96.7	89.2	92.8	85.1
DNOP	88.9	92.4	116	112	92.7	115	108	109
目标物	生活污水加标回收率 /%				废水加标回收率 /%			
	1 d	3 d	5 d	7 d	1 d	3 d	5 d	7 d
DMP	80.9	82.6	83.9	76.1	86.2	71.6	75.9	62.1
DEP	86.3	73.7	71.6	65.6	81.1	88.9	80.4	75.9
BBP	95.4	81.1	86.9	89.3	88.9	92.9	88.1	82.6
DNOP	82.7	85.4	73.4	71.8	104	95.4	107	116

同时，将地表水加标样和地下水加标样于 1 d、3 d、5 d、7 d 分别取出一定量水样，按正己烷萃取方式分析 DBP 和 DEHP 共 2 种目标物，考察实际样品稳定性（表 4-6）。经测定，地表水原样中 DEHP 检出值为 0.6 μg/L，DBP 检出值为 0.4 μg/L；地下水原样中两种目标物均未检出。

表 4-6   实际样品加标稳定性考察（n=3）

目标物	地表水加标回收率 /%				地下水加标回收率 /%			
	1 d	3 d	5 d	7 d	1 d	3 d	5 d	7 d
DBP	108	121	129	158	94.6	109	121	143
DEHP	112	91.8	115	122	106	101	119	113

以上结果表明，实际样品低浓度加标样在 4℃ 避光保存至第 7 天时，部分目标物的回收率超出了 70%~140%。考虑到 PAEs 的本底干扰问题，结合本实验结果及 ISO 18856、EPA 606 的要求，建议水样应在 5 d 内分析完毕，尽可能避免长时间保存引入的本底干扰。

（2）萃取液保存

HJ 1242—2022 开展了萃取液保存时间考察实验。配制 6 种邻苯二甲酸酯类化合物浓度为 3.0 μg/L 的地表水加标样，当日按乙腈萃取方式，萃取液置于 4℃ 避光保存，于 1 d、3 d、5 d、7 d、10 d、14 d 分别取出进样分析，考察萃取液中 BBP、DEP、DMP、DNOP 4 种目标物的回收率。经检测，地表水原样中 6 种目标物未检出。

另配制 6 种邻苯二甲酸酯类化合物浓度为 1.6 μg/L 的地表水加标样，当日按正己烷萃取方式，萃取液置于 4℃ 避光保存，于 1 d、3 d、5 d、7 d、10 d、14 d 分别取出进样分析，考察萃取液中 DBP 和 DEHP 的回收率（表 4-7）。经检测，地表水原样中 2 种目标物未检出。

表 4-7   实际加标样品萃取液稳定性考察（n=3）

目标物	地表水加标回收率 /%					
	1 d	3 d	5 d	7 d	10 d	14 d
DMP	89.2	88.1	86.7	81.2	85.9	84.7
DEP	93.7	86.3	90.9	85.5	89.2	81.3
BBP	102	93.4	88.3	86.6	91.8	92.2

目标物	地表水加标回收率 /%					
	1 d	3 d	5 d	7 d	10 d	14 d
DNOP	105	92.9	96.3	101	104	95.1
DBP	111	105	109	101	106	113
DEHP	98.2	92.1	96.3	104	101	92.7

经考察，萃取液于4℃避光保存14 d内，各目标物的回收率均满足实验分析要求。建议萃取液可于4℃避光保存14 d内分析完毕。

4.3.3　运输

运输过程条件一般应与样品保存条件保持一致（4.3.2），所以国内标准和ISO等标准并未对运输环节进行单独规定。

4.3.4　小结

按照GB 17378.3—2007、HJ 91.2—2022、HJ 91.1—2019和HJ 164—2020的相关规定进行水样的采集与保存。使用不锈钢或玻璃材质样品瓶采集样品，采样体积与分析方法的要求一致，一般不低于100 ml。水样充满采样瓶，如果水样pH不在5～7之间，需用氢氧化钠溶液或盐酸溶液将水样pH调节至5～7，采样瓶加盖后用铝箔纸封口，4℃以下冷藏避光保存，5 d内完成萃取。萃取液应于4℃以下冷藏避光保存，14 d内完成分析。

参考文献

[1] YANG X L, WANG S S, BLAN Y, et al. Dicofol application resulted in high DDTs residue in cotton fields from northern Jiangsu Province, China[J]. Journal of Hazard Materialc, 2008, 150(1): 92-98.

[2] XUE N D, XU X B, JIN Z L. Screening 31 endocrine—disrupting pesticides in water and surface sediment samples from Beijing Guanting reservoir[J]. Chemosphere, 2005, 61(11): 951-1606.

[3] TAO S, LI B G, HE X C, et al. Spatial and temporal variations and possible sources of Dichlorodiphe-nyltrichloroethane (DDT) and its metabolites in rivers in Tianjin, China [J]. Chemosphere, 2007, 68(1): 10-16.

5

烷基酚类和双酚A

5.1 基本概况

5.1.1 理化性质

烷基酚（Alkylphenols，APs）是一类苯酚芳环上的氢原子被一个或多个相同或不同的烷基取代而得到的化合物，具有苯酚的特性。纯品一般是无色液体或低熔点结晶，放置时间长后色泽逐渐变深，能进行氯化、溴化、磺化、硝化、取代以及醚化、酚醛缩合、氧化、加氢等反应。许多烷基酚能从天然物质中提取，如香精油、煤焦油等。工业上烷基酚大多由苯酚、甲酚和二甲酚与烯烃经烷基化反应得到，用于制造酚醛树脂、橡胶防老剂和塑料的抗氧化剂，也是制造非离子表面活性剂的原料，其用途十分广泛。烷基酚主要包括丁基苯酚、辛基苯酚、庚基苯酚、戊基苯酚、己基苯酚、壬基酚及相关的长链烷基酚。双酚 A（BPA）是内分泌干扰化学物质（EDCs），是生产 PC 树脂及环氧树脂的主要原料，也可以作为酚醛树脂、可塑性聚酯、抗氧剂及聚氯乙烯的稳定剂。其化学制品被广泛用于食品和饮料的包装、金属材料的涂层和供水管等。随着 APs 和 BPA 的生产和使用量大增，导致其最终由各种途径进入环境，并对环境造成危害。

5.1.2 环境危害

APs 是一类典型的内分泌干扰物，具有毒性、生物积累性、明显的环境雌激素活性和持久性。用虹鳟鱼活体外肝细胞生物评估和重组酵母系统生物评估的结果显示，辛基酚在 APs 及其相关化合物中雌激素活性最强。APs 的酚残基和疏水残基均可与激素受体相结合。将大鼠的 ER-a 受体基因表达质粒和相应的报道质粒转染 cos-1 细胞，用不同的单酚化

合物刺激细胞，发现雌激素活性的强弱取决于烷基取代基团的构型。雌
激素活性随烷基碳原子数增加而增加，超过 8 个碳原子时，随碳原子数
增加而降低；烷基链分枝程度越高，雌激素活性越低。

BPA 是一种具有雌激素活性的环境 EDCs，它进入机体后与细胞内
雌激素受体结合，通过多种机制产生类雌激素或抗雌激素作用，从而干
扰内分泌系统的正常功能，对机体产生多方面的影响。它可以干扰鸟类、
爬行类和哺乳类野生动物的正常内分泌功能，造成动物雌雄性别改变、
畸形等生殖系统障碍与病变。BPA 与人们日常生活关系非常密切，应用
于高分子材料生产领域，是聚碳酸酯、环氧树脂、聚苯醚树脂等材料的
生产原料，从而导致能通过各种途径流入环境水体中。

壬基酚（nonylphenols，NPs）是环境内分泌干扰物中的一种，具
有雌激素活性，能够模拟雌激素行为，打乱激素系统的正常功能，从
而导致潜在的生殖问题。工业壬基酚的雌激素活性是 17β- 雌二醇
（17β-estradiol，E2）的 1/54 825～1/3 168 倍。作为环境激素，NPs 能够
竞争雌二醇受体的结合位点，通过一系列复杂的步骤与雄激素受体结合，
发挥内分泌干扰作用，包括激素的合成、分泌、转运、结合、生物学效
应及清除，从而引起内分泌失调，改变免疫、神经和生殖发育系统等正
常调控功能，导致动物性腺异常发育，生殖能力下降，免疫力降低，同
时还可对心血管、消化、神经等其他多个系统有影响，NPs 的雌激素效
应是其引起生物体损伤的一个主要因素。

5.1.3 管理需求

APs 和 BPA 属于内分泌干扰物，2011 年，我国将 NPs 添加至有毒物
质限制名单中。根据我国环境保护部（MEP）、海关总署发布的 2011 年
中国严格限制进出口的有毒化学品目录，完全禁止 NPs 的进出口。2018 年

在上海《污水综合排放标准》（DB 31/199—2018）中，规定 NPs 限值为：单位污水总排放口，二级和三级排放标准 0.06 mg/L。在国际方面，联合国环境规划署（UNEP）制定的 27 种持久性有毒化学污染物（PTS）中就有 NPs 和辛基酚。2017 年年初，欧盟正式发布 REACH 法规第十六批高重视度物质清单（SVHC），将包含 BPA 在内的 4 种物质归入清单中，新添加的 4 种物质分别为 BPA、全氟癸酸（PFDA）及其钠盐和铵盐、4- 庚基苯酚、支链和直链、4- 叔戊基苯酚。EPA 颁布的 EPA-822-R-05-005 水生生物环境水质基准中淡水中 NPs < 6.6 μg/L、咸水中 NPs < 1.7 μg/L。

2022 年 5 月 24 日，国务院办公厅印发了《新污染物治理行动方案》，对新污染物治理工作进行了全面部署，有毒有害化学物质的生产和使用是新污染物的主要来源。目前，新污染物环境监测项目主要来自《重点管控新污染物清单（2023 年版）》（生态环境部令　第 28 号）、《第一批化学物质环境风险优先评估计划》（环办固体〔2022〕32 号）、《优先控制化学品名录（第一批）》（环境保护部公告　2017 年第 83 号）及《优先控制化学品名录（第二批）》（生态环境部公告　2020 年第 47 号）4 个名录。其中涉及 APs 和 BPA 类的化合物有 NPs、4- 叔辛基苯酚和 BPA。

5.2　分析方法

5.2.1　国外相关分析方法

目前，ISO、美国材料与试验协会（ASTM）及日本标准化组织（JIS）等国际组织、国家及地区都发布了有关水中 APs 和 BPA 类的分析方法标准，详见表 5-1。

表 5-1　国外 APs 和 BPA 标准分析方法技术内容

标准方法	ISO 24293—2009	ASTM D7574—2009	ISO 18857-1：2006	JIS K 0450-20-10：2006
适用范围	地表水、地下水、生活污水、工业废水	地表水、地下水、生活污水、工业废水	地表水、地下水、生活污水、工业废水	工业用水和工厂废水
测定化合物	NPs 的 13 种同分异构体	BPA	NPs 及其异构体	4-叔丁基苯酚、4-正-戊基苯酚、4-正-己基苯酚、4-正-庚基苯酚、4-叔-辛基苯酚、4-正-辛基苯酚、非基苯酚
前处理方法	固相萃取	固相萃取	液液萃取	固相萃取
上样 pH	3.5	2	2	3
洗脱试剂	丙酮	甲基叔丁基醚	甲苯	二氯甲烷
前处理耗材	HLB（6 ml，200 mg）	HLB（6 ml，200 mg）	—	—
检测方法	气相色谱质谱	高效液相色谱法	气相色谱质谱	气相色谱法
色谱柱	DB-5	C_{18}	—	—
流动相	—	水/乙腈	—	—
检出限	0.001～0.1 μg/L	5.0～150 ng/L	0.005～0.2 μg/L	10.0～3 000 pg/L

5.2.2　国内相关分析方法

国内检测方法标准中涉及水中烷基酚和双酚 A 类的检测方法，主要采用液相色谱-三重四极杆质谱测定，前处理方式均为固相萃取，详见表 5-2。

64

表 5-2　国内 APs 和 BPA 标准分析方法技术内容

标准方法	DB37/T 4158—2020	DB44/T 2016—2017	HJ 1192—2021	T/CAQI 382—2024
适用范围	生活饮用水及其水源水	地表水、地下水、生活污水	地表水、地下水、生活污水、工业废水	地表水、地下水
测定化合物	17β-雌二醇、雌三醇、17α-炔雌醇、壬基酚、4-正辛基酚、双酚 A、雌酮、己烯雌酚、三氯生、三氯卡班	炔雌醇、雌酮、17β-雌三醇、雌三醇、4-n-辛基酚、4-n-壬基酚	4-叔丁基苯酚、4-丁基苯酚、4-戊基苯酚、4-己基苯酚、4-辛基苯酚、4-庚基苯酚、4-壬基苯酚、4-支链壬基苯酚、4-叔辛基苯酚、4-壬基酚、双酚 A	双酚 A、双酚 B、双酚 E、双酚 S、双酚 Z、双酚 AF、双酚 AP、4-正丁基酚、4-辛基酚、4-叔辛基酚、支链壬基苯酚、17β-雌二醇、雌酮、17α-炔雌醇、雌三醇、己烯雌酮、雌酮、4-叔丁基苯酚、4-壬基苯酚、4-己基苯酚、4-戊基苯酚
前处理方法	固相萃取	固相萃取	固相萃取	固相萃取
上样 pH	5	<2	1~2	7
洗脱试剂	二氯甲烷/丙酮	乙酸乙酯/甲醇	甲醇/二氯甲烷	甲醇/水
前处理耗材	HLB（6 ml，200 mg）	HLB（6 ml，500 mg）	HLB（6 ml，250 mg）	在线 SPE 柱（填料为刚性大孔聚乙烯/二乙烯基苯）
检测方法	液相色谱-质谱法	液相色谱-质谱法	高效液相色谱法	在线 SPE-液相色谱-质谱联用
色谱柱	C_{18}	C_{18}	C_{18}	C_{18}
流动相	水/乙腈	氨水溶液/乙腈	水/乙腈	水/甲醇:乙腈 1:1
检出限	17β-雌二醇、雌三醇、17α-炔雌醇、壬基酚、4-正辛基酚、双酚 A 均为 2 ng/L，雌酮、己烯雌酚、三氯生、三氯卡班均为 0.2 ng/L	0.6~0.9 ng/L	0.04~0.06 μg/L	2.0~6.0 ng/L

5.3 采集、保存和运输技术要求

5.3.1 采集

样品采集包括采样容器、采样体积、固定剂的添加和现场质控四部分关键内容。

（1）采样容器

由于 APs 和 BPA 存在于塑料制品中，所以整个试验过程应尽量避免使用塑料制品。ISO 24293—2009、ASTM D7574—2009、ISO 18857-1：2006、JIS K 0450-20-10、DB37/T 4158—2020、DB44/T 2016—2017、HJ 1192—2021、T/CAQI 382—2024 中均规定，样品瓶最好选用细口棕色玻璃瓶，配玻璃塞或聚四氟乙烯盖子，采样前用丙酮清洗样品瓶和瓶盖，如果用洗瓶机清洗，要避免使用表面活性剂类洗涤剂，或在不低于400℃的温度下烘烤至少 2 h。

（2）采样体积

采样体积一般与分析方法的要求有关，各标准对采样体积的规定存在差异，如 T/CAQI 382—2024 采样体积为 40 ml，ASTM D7574—2009和 HJ 1192—2021 2 个标准要求的采样体积均为 250 ml，ISO 24293—2009、ISO 18857-1：2006、JIS K 0450-20-10、DB37/T 4158—2020 和DB44/T 2016—2017 5 个标准要求的采样体积均为 1 L，从代表性的角度考虑采样体积应根据方法灵敏度选择 100～1 000 ml。

（3）固定剂的添加

ISO 24293—2009 和 HJ 1192—2021 指出要消除样品中的余氯，两项标准规定要添加硫代硫酸钠，使样品中硫代硫酸钠的浓度为 80 mg/L，在国内外标准中指出要用等体积的盐酸对样品调节 pH 至 1～2。实际工作中发现，部分 APs 易被玻璃瓶壁吸附，在样品处理前加入一定体积的甲醇助溶，可较好地解决该问题。

（4）现场质控

由于采样和运输过程可能会存在 APs 和 BPA 本底干扰，HJ 1192—2021 规定采集样品时应同时准备全程序空白样品。用采样瓶装满水带至采样现场，采样时将水转移至另一个采样瓶中，作为全程序空白样品，随实际样品一起保存并运输至实验室。

5.3.2 保存

国内外标准针对样品的保存如表 5-3 所示，国内标准方法主要参考国际标准进行规定，其中 HJ 1192—2021 选择了较为严格的条件，即样品应密封、避光，4℃冷藏保存，7 d 内完成试样的制备。综合上述标准内容，开展地表水和地下水加标样品保存稳定性研究。如图 5-1、图 5-2所示，在 14 d 内各目标物含量相对稳定，下降趋势很小，回收率结果满足实验室分析要求。因此，水样采集完成后可于 4℃冰箱中避光保存，14 d 内完成前处理工作。

表 5-3　APs 和 BPA 标准分析方法样品保存要求

标准名称	水样		其他
	保存温度	保存时间	
ISO 24293—2009	2～5℃	14 d	避光
ASTM D7574—2009	0～6℃	7 d	避光
ISO 18857-1：2006	2～5℃	14 d	避光
JIS K 0450-20-10—2006	0～10℃	尽快	避光
DB37/T 4158—2020	4℃以下	24 h	避光

续表

标准名称	水样		其他
	保存温度	保存时间	
DB44/T 2016—2017	4℃	20 d	避光
HJ 1192—2021	4℃	7 d	避光
T/CAQI 382—2024	4℃	7 d	避光

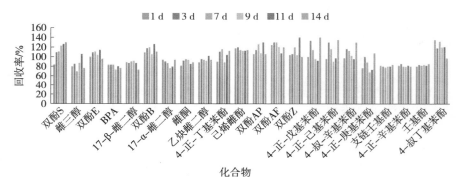

图 5-1　地下水水样稳定性

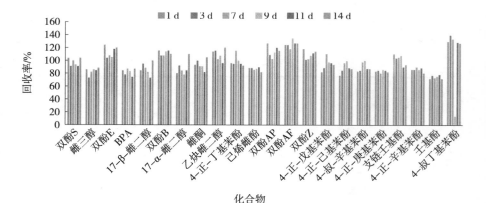

图 5-2　地表水水样稳定性

5.3.3　运输

国内外标准并未对运输环节进行单独规定，运输过程条件一般应与样品保存条件保持一致（5.3.2），同时样品运输过程中和存放区域应无有机物干扰。

5.3.4　小结

按照 GB 17378.3—2007、HJ 91.1—2019、HJ 91.2—2022、HJ 164—2020 和 HJ 442.3—2020 的相关规定采集与运输水样。

使用玻璃材质样品瓶采集样品，如样品中含有余氯，需向样品中加入硫代硫酸钠，添加浓度为 80 mg/L，加盐酸溶液调节样品 pH 为 1～2。样品应充满采样瓶并加盖密封。采样体积与分析方法的要求一致，一般不低于 100 ml。采集样品时应同时准备全程序空白样品。水样在 4℃以下冷藏、密封、避光保存，14 d 内完成萃取。

参考文献

[1] EILEEN SMITH, IAN RIDGWAY, MICHAEL COFFEY. The determination of alkylphenols in aqueous samples from the Forth Estuary by SPE–HPLC–fluorescence[J]. Environ. Monit., 2001, 3: 616– 620.

[2] YAQI CAI, GUIBIN JIANG, JINGFU LIU, et al. Solid–Phase microextraction coupled with high performance liquid chromatography–fluorimetric detection for the determination of Bisphenol A, 4–n–Nonylphenol, and 4–tert–Octylphenol in environmental water samples[J]. Analytical Letters, 2004, 37(4): 739–753.

[3] SHANE A SNYDER, TIMOTHYL KEITH, DAVIDA VERBRMGGE, et al.
Analytical methods for detection of selected estrogenic compounds in aqueous
mixtures[J]. Environ. Sci. Technol., 1999, 33: 2814-2820.

[4] 上海市环境保护局. 污水综合排放标准 : DB 31/199—2018[S]. 2018.

[5] ISO 24293: 2009, Determination of individual isomers of nonylphenol-
Method using solid phase extraction (SPE) and gas chromatography/mass
spectrometry (GC/MS)[S].

[6] EPA-822-R-05-005, 2005, Aquatic Life Ambient Water Quality Criteria
Nonylphenol[S].

[7] ISO 18857-1: 2006, Water quality Determination of selected alkylphenols—
Part 1: Method for non-filtered samples using liquid-liquid extraction and gas
chromatography with mass selective detection[S].

[8] MARTA PEDROUZO, FRANCESC BORRULL, ROSA MARIA
MARCÉETAL. Ultra-high-performance liquid chromatography-tandem mass
spectrometry for determining the presence of eleven personal care products in
surface and wastewaters[J]. Journal of Chromatography A, 2009: 6994-7000.

[9] YOSHIYUKI WATABE, TAKUYA KONDO, MASATOSHI MORITA,
et al. Determination of bisphenol A in environmental water at ultra-low
level by high-performance liquid chromatography with an effective on-line
pretreatment device[J]. Journal of Chromatography A, 2004: 45–49.

[10] 山东省市场监督管理局. 水质　环境激素类化合物的测定　固相萃取 -
液相色谱 - 串联质谱法 : DB37/T 4158—2020[S]. 2020.

[11] 广东省质量技术监督局. 水中 6 种环境雌激素类化合物的测定　固相萃
取 - 高效液相色谱 - 串联质谱法 : DB44/T 2016—2017[S]. 2017.

[12] 生态环境部. 水质　9 种烷基酚类化合物和双酚 A 的测定　固相萃取 /
高效液相色谱法 : HJ 1192—2021[S]. 2021.

[13] 中国质量检验协会. 水中双酚 A、壬基酚、雌二醇等 22 种化合物的
测定　在线固相萃取 / 液相色谱 - 三重四极杆质谱法 : T/CAQI 382—
2024[S]. 2024.

6

六溴环十二烷和四溴双酚A

6.1 基本概况

6.1.1 理化性质

六溴环十二烷（HBCDs）为白色晶体状，对热和紫外光稳定性好，有多种异构体，低溶点型熔点为 167～168℃，高熔点型熔点为 195～196℃。HBCDs 理论上存在 16 种立体异构体，目前已分离出（±）α-HBCD、β-HBCD、γ-HBCD、δ-HBCD 和 ε-HBCD 等异构体，工业生产的 HBCDs 中通常含有 75%～89% 的 γ 异构体，α 异构体和 β 异构体相对较少，δ 异构体和 ε 异构体更少。HBCDs 溶于甲醇、乙醇、丙酮、醋酸戊酯，既用于聚丙烯塑料和纤维，聚苯乙烯泡沫塑料的阻燃，也可用于涤纶织物阻燃后整理和维纶涂塑双面革的阻燃。另外用作添加型阻燃剂，适用于聚苯乙烯、不饱和聚酯、聚碳酸酯、聚丙烯、合成橡胶等。

四溴双酚 A（TBBPA）是双酚 A 的衍生物，为白色粉末状，是一种全球应用最广泛的溴系阻燃剂，广泛用于纺织、家电以及工业产品中。TBBPA 和 HBCDs 都是高含溴量的添加型阻燃剂，具有阻燃效率高、用途较广、无须采用锑协效剂等优点，其低填充性对聚合物性能影响极小，保证了聚合物的优良性能。

多溴联苯在（PBB）/多溴二苯醚（PBDE）被限制后，HBCDs 和 TBBPA 作为替代物被大量应用。图 6-1 是 HBCDs 的几种异构体结构式和 TBBPA 的结构式。

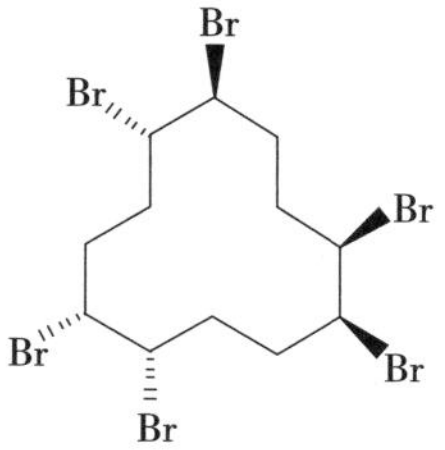

(+)-α-HBCD

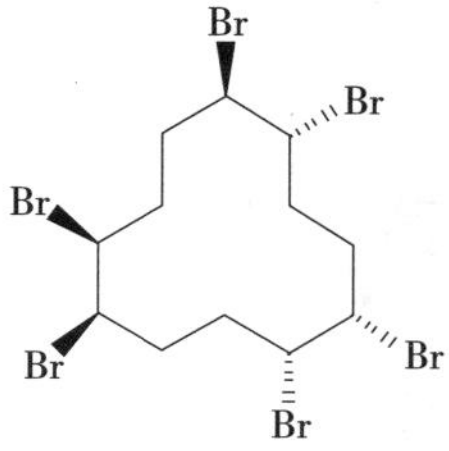

(−)-α-HBCD

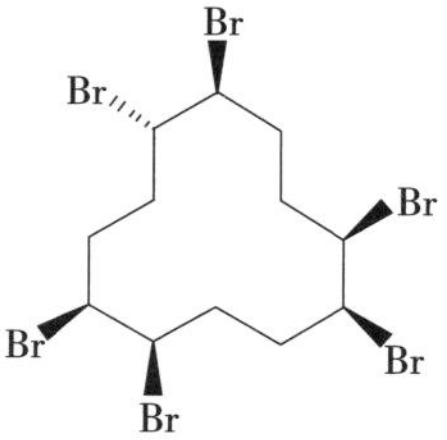

(+)-β-HBCD

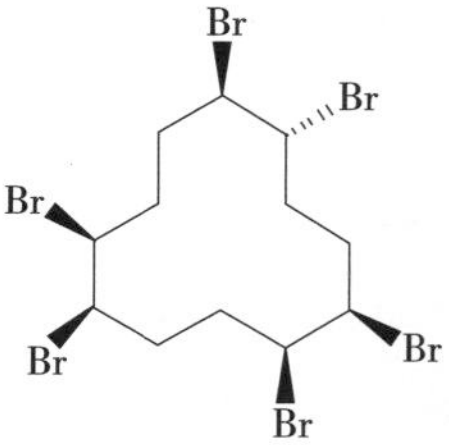

(−)-β-HBCD

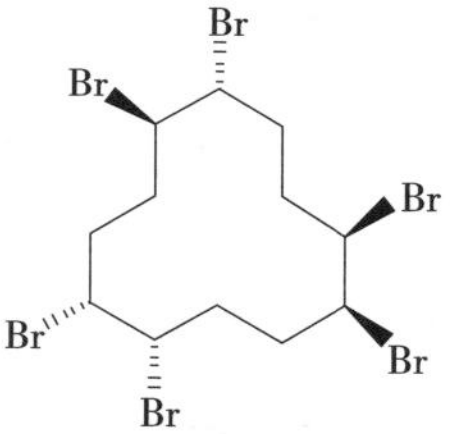

(+)-γ-HBCD

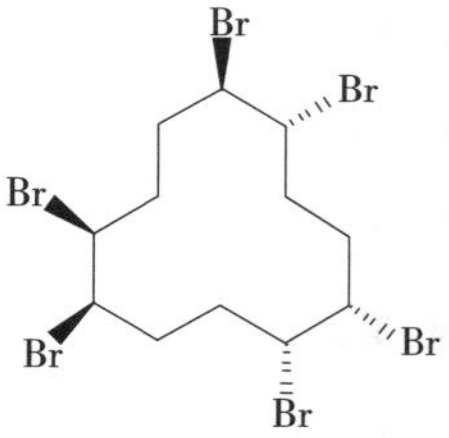

(−)-γ-HBCD

HBCDs的异物体

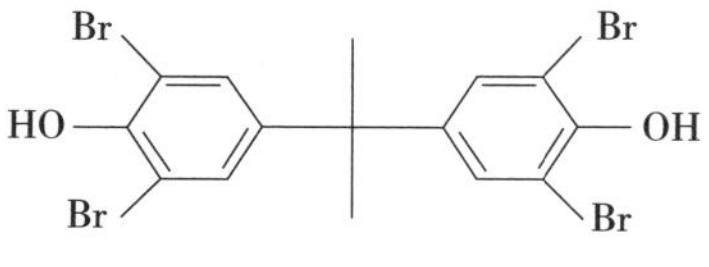

TBBPA

图 6-1　HBCDs 的几种异构体结构式和 TBBPA 的结构式

6.1.2 环境危害

作为 PBDEs 的替代品，HBCDs 使用愈加广泛，仅在 2001 年全球市场对其需求量就达到 16 700 t。其中作为 HBCDs 全球最大的消耗地，欧洲的使用量达到 9 500 t。研究表明，HBCDs 具有很强的生物蓄积性、持久性和远距离迁移性。它能够对动物内分泌和免疫参数产生影响，导致人体基因重组，进而引起一系列疾病，甚至癌症。目前，HBCDs 在环境介质中已经被广泛检出，但是在各环境介质中的赋存比例不同，通常认为在土壤和沉积物中占排放量的绝大部分含量，而在空气和水中的比例较少。通过对其在大气中长距离迁移的相关研究发现，HBCDs 的长距离迁移能力类似于气溶胶。目前已经在欧洲、亚洲和美洲甚至在北极发现了 HBCDs 的存在。国内关于水体中 HBCDs 浓度的报道较少，已知的 HBCDs 的生产厂家集中在渤海莱州湾、江苏连云港和苏州等近海地区，环境本底浓度相对于欧洲的数据而言属于偏低水平。许多发达国家已经采取措施限制了 HBCDs 的生产，而我国产量还呈递增趋势，若干年后可能会对我国的生态环境和人体健康造成危害。

随着我国工业的发展，含 TBBPA 产品的使用越来越广泛，而 TBBPA 在含有其产品的生产、使用和废弃过程中均可能进入环境。TBBPA 是一种类似于持久性有机污染物的潜在环境内分泌干扰物，它能在环境和生物体内累积，对环境和生物体产生严重影响，已有研究表明，TBBPA 对藻类、软体动物、甲壳动物和鱼体有明显的毒性作用。目前已经在土壤、水体、沉积物和大气等环境介质以及人体内检测到 TBBPA，在电器回收厂的室内气体样品中也已检测到 TBBPA 的存在。Zheng 等和杨永亮等的实地调查表明，我国青岛和珠江三角洲近岸海域底泥中均含有多种溴化阻燃剂，其中不乏 TBBPA。可见 TBBPA 在全球都有分布。

6.1.3 管理需求

国外对 HBCDs 和 TBBPA 的限值规定中，主要重点在 HBCDs。近年来，由于 HBCDs 的使用量大、残留期长、在环境中的检出率高，且具有生物毒性，已经受到国际社会的广泛关注。

国内 HBCDs 和 TBBPA 总需求量正在不断地增长，但是目前国内有关 HBCDs 和 TBBPA 环境问题的研究工作才刚刚起步，至今没有形成有组织的系统研究，特别是缺少对水环境的全面调查评价，同时缺乏相应的检测技术和控制策略。国内只有 2016 年出台的《〈关于持久性有机污染物的斯德哥尔摩公约〉新增列六溴环十二烷修正案》中明确禁止 HBCDs 的生产、使用和进口。2022 年 5 月后国务院办公厅陆续印发4 个名录，对新污染物治理工作进行全面部署，HBCDs 在 4 个名录中均有出现，而 TBBPA 尚未涉及。国内外相关管理要求具体见表 6-1。

表 6-1　国内外 HBCDs 和 TBBPA 的排放限值

来源	名称	目标物	限值
环境保护部、外交部等 11 部门	《〈关于持久性有机污染物的斯德哥尔摩公约〉新增列六溴环十二烷修正案》	HBCDs	自 2016 年 12 月 26 日起，禁止六溴环十二烷的生产、使用和进出口
环境保护部会同工业和信息化部、国家卫生计生委	《优先控制化学品名录（第一批）》和《优先控制化学品名录（第二批）》	HBCDs	纳入排污许可制度管理、限制使用、鼓励替代、实施清洁生产审核及信息公开制度
生态环境部	第一批化学物质环境风险优先评估计划	HBCDs	已列入优先评估计划名单

续表

来源	名称	目标物	限值
生态环境部、工业和信息化部、农业农村部、商务部、海关总署、国家市场监督管理总局	《重点管控新污染物清单（2023 年版）》	HBCDs	①禁止生产、加工使用、进出口。②已禁止使用的，或者所有者申报废弃的，或者有关部门依法收缴或接收且需要销毁的已淘汰类新污染物，根据国家危险废物名录或者危险废物鉴别标准判定属于危险废物的，应当按照危险废物实施环境管理。③已纳入土壤污染风险管控标准的，严格执行土壤污染风险管控标准，识别和管控有关的土壤环境风险
欧盟	欧盟持久性有机污染物（POPs）法规（EC）No 850/2004 修订	HBCDs	HBCDs（六溴环十二烷）作为禁用物质正式加入附录 I 禁用物质列表，即 HBCDs 浓度小于等于 100 mg/kg（以重量计 0.01%）的物质、混合物、物品或物品中的阻燃剂成分，必须在 2019 年 3 月 22 日前接受欧盟委员会的审查
联合国	《关于持久性有机污染物的斯德哥尔摩公约》（POPs）	HBCDs	在全球范围内禁止生产和使用六溴环十二烷（HBCDs）
挪威 PoHS 指令	《消费性产品中禁用特定有害物质》	HBCDs、TBBPA	六溴环十二烷：0.1%；四溴双酚 A：1.0%

6.2　分析方法

6.2.1　国内外相关分析方法

关于 HBCDs 和 TBBPA 检测的研究报道主要集中在生物样品、环

境样品及食品样品等方面，涉及的方法主要包括气相色谱－质谱联
用法、液相色谱－质谱联用法等。由于 HBCDs 的 3 种主要异构体在
160℃以上会发生热重排，在 240℃以上将脱溴降解，从而限制了气相
色谱－质谱联用法的推广应用。近年来，随着高效液相色谱－质谱串联
（LC-MS-MS）技术以及其他辅助技术的快速发展，LC-MS/MS 已成
为环境中 HBCDs 和 TBBPA 测定普遍采用的方法，应用 LC-MS 分析
TBBPA 时，不需要样品的衍生化，而且灵敏度较高。目前国内外分析方
法汇总见表 6-2。

表 6-2　国内外分析方法汇总

环境介质	文献来源	前处理方法	分析方法	目标化合物	浓度范围
河流水体	李永东等（2013）	液液萃取	高效液相色谱－串联质谱	α-HBCD、β-HBCD、γ-HBCD	0.5～100 μg/L
饮用水、地下水	姚宇翔等（2016）	离子液体微萃取	液相色谱－串联质谱	α-HBCD、β-HBCD、γ-HBCD	0.5～100 μg/L
水质	章勇等（2014）	固相萃取	超高效液相色谱/三重四极杆串联质谱	HBCDs、TBBPA	0.5～100 μg/L
土壤	金军等（2009）	加速溶剂萃取	超高效液相色谱/三重四极杆串联质谱	α-HBCD、β-HBCD、γ-HBCD	α-HBCD、β-HBCD：2～500 μg/L；γ-HBCD：4～1 000 μg/L
土壤和沉积物	Ana Belén Lara Fuentes 等（2020）	加速溶剂萃取	液相色谱－串联质谱	HBCDs	定量限 0.58～2.23 ng/g
河水	Ana Belén Lara Fuentes 等（2020）	液液萃取	液相色谱－串联质谱	HBCDs	50～500 ng/L

环境介质	文献来源	前处理方法	分析方法	目标化合物	浓度范围
水质	Yunjiang Yu 等（2019）	直接浸没固相微萃取	液相色谱 - 串联质谱	HBCDs、TBBPA	0.1～10 μg/L
太湖沉积物	Wang Jingzhi 等（2015）	固相萃取	液相色谱 - 串联质谱	HBCDs、TBBPA	0.168～2.66 ng/g
海水	HY/T 261—2018	液液萃取	液相色谱 - 串联质谱	HBCD	定量 0.002 ng/ml
海洋沉积物	HY/T 260—2018	超声提取	液相色谱 - 串联质谱	HBCDs	定量限 0.20 μg/kg

6.3　采集、保存和运输技术要求

　　原则上按照 HJ 91.1—2019、HJ 91.2—2022、HJ 164—2020 和 HJ 442.3—2020 的相关规定进行采样布点和样品采集。其中《污水监测技术规范》（HJ 91.1—2019）中规定采样前先用水样荡涤采样容器和样品容器 2～3 次。按照监测项目的要求选用容器材质、加入的保存剂及其用量、保存期限和采集水样体积等；《地表水环境质量监测技术规范》（HJ 91.2—2022）中规定了样品采样量应符合标准分析方法，采样器、静置容器和样品瓶在使用前应先用水样分别荡涤 2～3 次。采样不可搅动水底沉积物，按照监测项目的要求添加适量保存剂和样品运输；《地下水环境监测技术规范》（HJ 164—2020）中规定了水样容器不能受到沾污；容器壁不应吸收或吸附某些待测组分；容器不应与待测组分发生反应；能严密封口，且易于开启。采样时先用采集的水样荡洗采样器与水样容器 2～3 次。采集水样后，立即将水样容器瓶盖紧、密封。样品采集根据监测目的、监测项目和监测方法的要求加入保存剂，并应尽快运送实验室分析。样品运输过程中应避免日光照射，并置于 4℃冷藏箱中

保存;《近岸海域环境监测技术规范　第三部分　近岸海域水质监测》
（HJ 442.3—2020）规定采样容器材质应满足化学稳定性强，不与被测组
分发生反应，且器壁不应吸收或吸附待测组分，便于清洗，并具有一定
的抗震性，能适应较大的温差变化，封口严密等要求，一般选择由硬质
玻璃或聚乙烯塑料等稳定性强材料制成的样品容器。有机成分经萃取后
测定，可以使用萃取剂清洗玻璃瓶。样品采集后应按要求现场加保存剂，
颠倒数次使保存剂在样品中均匀分散；水样取好后，仔细塞好瓶塞，不
能有漏水现象；如将水样转送他处或不能立刻分析时，应采用必要的防
漏封口措施。采样器和样品瓶在使用前应先用水样冲洗 2～3 次，并按照
监测项目的要求添加适量保存剂。

6.3.1　采集

针对采集，在采样容器、采样体积、现场质控等方面进行调研和
阐述。

（1）采样容器

HBCDs 和 TBBPA 有对热和紫外光稳定性好的特点，可按照有机项
目采集的一般规定使用聚四氟乙烯或磨口玻璃盖的棕色玻璃瓶采集，采
样器和样品瓶在使用前应先用水样冲洗 2～3 次。

（2）采样体积

根据文献，环境水体中 HBCDs 和 TBBPA 的浓度水平均为 ng/L 级
别，对方法的检出限要求较高，因此水样采集体积建议不低于 1 L，以确
保足够的富集倍数。

（3）现场质控

由于采样和运输过程可能会存在本底干扰，采集样品时应同时准备
全程序空白样品。用采样瓶装满水带至采样现场，采样时将水转移至另

一个采样瓶中，作为全程序空白样品，随实际样品一起保存并运输至实验室。

6.3.2 保存

针对 HBCDs 水质样品的保存，部分文献标准中有规定，见表 6-3。

表 6-3 HBCDs 的采集与保存

文献标准	采样容器	采样体积	保存方式	保存时间
李永东等（2013）	聚四氟乙烯盖的棕色玻璃瓶	4 L	低于 4℃	3 d
朱建尧（2014）	预先用丙酮和甲醇清洗过的棕色玻璃瓶	1 L	pH≤2，并于 4℃冷藏	—
王晓春、陶静等（2016）	预清洁的玻璃瓶	40 L	低于 4℃	24 h
金军等（2009）	预先用丙酮清洗过的棕色玻璃瓶	1 L	低于 4℃	—
HY/T 261—2018	—	1 L	低于 4℃	—
《水质 六溴十二烷和四溴双酚 A 的测定 气相色谱－质谱法》编制说明	1 L 棕色玻璃瓶	1 L	pH≤4，并于 4℃冷藏	样品保存 14 d，萃取液保存 30 d

其中《海水中六溴环十二烷的测定　高效液相色谱－串联质谱法》（HY/T 261—2018）中海水样品的采集、预处理、制备和保存，按《海洋监测规范　第 3 部分：样品采集、贮存与运输》（GB 17378.3—2007）中第四章的规定执行：有机成分冷藏保存方法为水样过滤后加酸酸化，使 pH＜2，低温冷藏。

在《水质　六溴十二烷和四溴双酚 A 的测定　气相色谱－质谱法》

编制说明相关研究中较为详细地探究了保存条件对 HBCDs 和 TBBPA 稳定性的影响。配制 HBCDs 和 TBBPA 浓度为 20.0 ng/L 的加标水样，调节至 pH≤4，密封避光冷藏保存，开展保存时间试验，测试 15 d 内样品的浓度变化。每次平行分析 5 个样品。选择制备好的水样，在同一时间进行提取，获得提取液，考察 36 d 内的提取液浓度变化。统计结果见图 2-1 和图 2-2。该实验结果表明整个保存时间内，水样中 HBCDs 和 TBBPA 回收率均为 70%～130%，说明 15 d 的保存时间，样品中目标物的含量未发生显著变化；36 d 的保存期内，水样提取液中目标物的含量未发生显著变化。

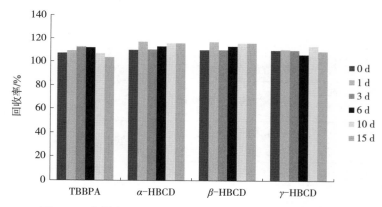

图 6-2　水样中 HBCDs 和 TBBPA 不同保存时间测试结果

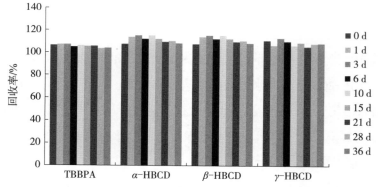

图 6-3　水样提取液中 HBCDs 和 TBBPA 不同保存时间测试结果

6.3.3　运输

国内外标准并未对运输环节进行单独规定，运输过程条件一般应与样品保存条件保持一致（6.3.2），同时样品运输过程中和存放区域应无有机物干扰。

6.3.4　小结

综上所述，HBCDs 和 TBBPA 的水样采集和保存应参照 GB 17378.3—2007、GB/T 14581—1993、HJ 91.1—2019、HJ 91.2—2022、HJ 164—2020 和 HJ 442.3—2020 的相关规定进行，使用玻璃采样瓶采集 1 L 以上样品，加入适量盐酸溶液将水样调节至 pH＜4，水样应充满样品瓶并加盖密封。水样在 0～4℃密封、避光运输和保存，14 d 内完成样品前处理。萃取液冷藏、密封、避光保存，30 d 内完成分析。

参考文献

[1] 彭浩，金军，王英，等 . 四溴双酚 A 及其环境问题 [J]. 环境与健康杂志，2006, 23(6): 571−573.

[2] LAURA CANESI, LUCIA CECILIA LORUSSO, CATERINA CIACCI, et al. Effects of the brominated flame retardant tetrabromobisphe−nolA(TBBPA)on cell signaling and function of Mytilushemocytes: Involvement of MAP kinases and protein kinaseC[J]. Aquatic Toxicology, 2005, 75(3): 277−287.

[3] LAURENCE R, ALIN C D, GEERT G, et al. Brominated flame retardants and polyehlorinatedbiphenyls in fish from the river[J]. Environment International, 2008, 34: 976−983.

[4] ALAEE M, ARIAS P, SJÖDIN A, et al. An overview of commercially used brominated flame retardants, their applications, their use patterns in different countries/regions and possible modes of release[J]. Environ Int, 2003, 29: 683-689.

[5] COVACI A, GERECKE AC, LAW RJ, et al. Hexabromocyclododecanes (HBCDs) in the environment and humans: A review[J]. Environ Sci Technol, 2006, 40: 3679-3688.

[6] 李永东, 云霞, 那广水, 等. 环境中六溴环十二烷的研究进展 [J]. 环境与 健康杂志, 2010, 27(10): 933-936.

[7] THOMAS H, KAISU-LEENA T, ÅKE B, et al. Mutation Research[J]. Genetic Toxicology and Environmental Mutagenesis, 1999, 439(2): 137-147.

[8] WANIA F. Assessing the long-range transport potential of tetrabromobisphenol A and hexabromocyclododecane using several multimediatransport models. A report to BSEF. WECC Wania Environmental Chemists Corp, 2003, 13.

[9] JONATHAN V, GEIR W G, CHU S G, et al. Flame retardants and methoxylated and hydroxylatedpolybrominateddiphenyl ethers in two Norwegian arctic top predators: Glaucous gulls and polar bears[J]. Environ Sci Technol, 2005, 39: 6021-6028.

[10] DE WIT CA, ALAEE M, MUIR DCG. Levels and trends of brominated flame retardants in the arctic[J]. Chemosphere, 2006, 64: 209-233.

[11] KLAMER HJC, LEONARDS PEG, LAMOREE MH, et al. A chemical and toxicological profile of Dutch North Sea surface sediments[J]. Chemosphere, 2005, 58: 1579-1587.

[12] A MARONGIU, G BOZZANO, M DENTE, et al. Detailed kinetic modeling of pyrolysis of tetrabromobisphenol A[J]. Pyrolysis, 2007, 80: 325-345.

[13] LUCIO G COSTA, GENNARO GIORDANO. Developmental neurotoxicity of polybrominateddiphenylether (PBDE) flame retardants [J]. Neuro Toxicology, 2007, 28: 1047-1062.

[14] HAUG L S, THOMSEN C, LIANE V H, et al. Comparison of GC and LC determinations of hexabromocyclododecane in biological samples–Results from two inter laboratory comparison studies[J]. Chemosphere, 2008, 71: 1087–1092.

[15] HIEBL J, VETTER W J. Detection of hexabromocyclododecane and its metabolite pentabromocyclododecene in chicken egg and fish from the official food control[J]. Agric. Food Chem, 2007, 55: 3319–3324.

[16] 潘荷芳 , 惠阳 , 王静 , 等 . 土壤中痕量六溴环十二烷的超高效液相色谱 / 质谱联用分析 [J]. 分析科学学报 , 2008, 24(4): 414–416.

[17] YU Z Q, PENG P A, SHENG G Y, et al. Determination of hexabromocy clododecanediastereoisomers in air and soil by liquid chromatography-electrospray tandem mass spectrometry[J]. J. Chromatogr. A, 2008, 1190: 74–79.

[18] GUERRA P, ELJARRAT E, BARCELÓD. Enantiomeric specific determination of hexabromocyclododecane by liquid chromatography-quadrupole linear ion trap mass spectrometry in sediment samples[J]. J. Chromatogr. A, 2008, 1203: 81–87.

[19] 施致雄 , 封锦芳 , 李敬光 , 等 . 超高效液相色谱 – 电喷雾质谱法结合同位素稀释技术检测动物源性食品中的六溴环十二烷异构体 [J]. 色谱 , 2008, 26 (1) : 1–5.

[20] ELJARRAT E, DE LA CAL A, RALDUA D, et al. Anaerobic Degradation of Decabromodiphenyl Ether[J]. Environ. Sci. Technol., 2004, 38: 2603–2608.

7

十溴二苯醚

7.1 基本概况

7.1.1 理化性质

多溴二苯醚（polybrominated diphenyl ethers，PBDEs）是一类重要的溴代阻燃剂，化学通式为 $C_{12}H_{(0-9)}Br_{(1-10)}O$，依溴原子数量不同分为10 个同系组，共有 209 种单体化合物。根据溴原子取代数和取代位置的不同，国际理论和应用化学联合会（International Union of Pure and Applied Chemistry，IUPAC）对 PBDEs 进行了系统的命名和编号，其中2 位单取代的同系物命名为 BDE-1，而取代位全被溴原子取代的同系物命名为 BDE-209，即十溴二苯醚。相对其他多溴二苯醚来说，十溴二苯醚阻燃效率高、热稳定性好，对材料性能影响小，价格低廉，因此被广泛用于纺织品、涂料、塑料制品、建筑材料和电子电器产品等行业。商业品十溴二苯醚实际上是多种 PBDEs 同类物的混合体，其混合物含量为少量八溴二苯醚、<3% 的九溴二苯醚和 97%～98% 的十溴二苯醚。自20 世纪 80 年代初以来，十溴二苯醚已经成为我国产量最大的溴代阻燃剂。BDE-209 分子式为 $C_{12}OBr_{10}$，蒸气压低，有较强的亲脂疏水性，并且容易在生物体内的脂肪和蛋白质中富集并通过食物链放大，化学结构见图 7-1。

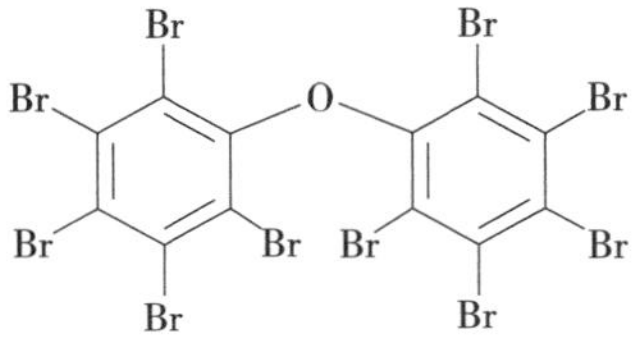

图 7-1　BDE-209 化学结构

7.1.2 环境危害

随着产品的制造、使用、回收和废弃，十溴二苯醚会随着雨水进入河流生态系统中，水体是十溴联苯醚聚集的主要场所之一。其在水中通过食物链发生生物积累并逐级放大，进而对人类生存繁衍和可持续发展造成重大威胁。由于十溴二苯醚在环境中不稳定，会逐渐脱溴降解为其他低溴二苯醚，从而导致毒性增加，环境中检出的低溴代二苯醚较多情况是十溴二苯醚脱溴造成的。

研究表明，在北美五大湖、日本东京湾和我国珠三角等地的沉积物中低溴二苯醚（3-7溴）和高溴二苯醚（主要是 BDE-209）的浓度都随时间逐渐增加。毒理研究已经证明 PBDEs 对哺乳动物和鱼类具有许多潜在的毒性，主要的毒性作用包括甲状腺毒性效应、神经系统的毒性效应、生殖发育的毒性效应以及生物积累和生物放大作用。BDE-209 暴露会导致肝脏和甲状腺肿瘤病变。

7.1.3 管理需求

十溴二苯醚是一种新型持久性有机污染物，因其具有毒性持久性和潜在的生物积储性而备受关注。欧盟议会建议从 2008 年 7 月 1 日起限制十溴联苯醚在电子电器产品中使用。十溴二苯醚被列入我国《优先控制化学品名录（第一批）》（环境保护部公告　2017 年第 83 号）。2022 年5 月 24 日，国务院办公厅印发《新污染物治理行动方案》，对新污染物治理工作进行全面部署。十溴二苯醚被列入《重点管控新污染物清单（2023 年版）》（生态环境部令　第 28 号）。

7.2　分析方法

7.2.1　国内外相关分析方法

　　针对环境介质中的 PBDEs 的分析方法，国外主要有 EPA 1614 方法——《水、土壤、沉积物和生物组织多溴二苯醚的测定　高分辨气相色谱 / 高分辨质谱法》推荐用高分辨气相色谱－质谱法分析 PBDEs、EPA 527 方法——《饮用水农药和溴代阻燃剂的测定　固相萃取－毛细色谱柱气相色谱质谱法》采用全扫的电子轰击模式对 PBDEs 进行测定、国际标准化组织《水质　沉积物和污泥多溴二苯醚的测定　气相色谱 / 质谱法》（ISO 22032：2006）使用气相色谱 / 质谱（电子轰击或负化学源模式）分析 PBDEs。国内目前有 2017 年环境保护部发布的中华人民共和国国家环境保护标准《水质　多溴二苯醚的测定　气相色谱－质谱法》（HJ 909—2017）、2015 年农业部发布的中华人民共和国水产行业标准《水产养殖环境（水体、底泥）中多溴二苯醚的测定　气相色谱－质谱法》（SC/T 9420—2015）及安徽省地方标准《生活饮用水源水中多溴联苯醚的测定　气相色谱－串联质谱法》（DB 34/T 3100—2018）。具体见表 7-1。

表 7-1 PBDEs 分析方法一览表

序号	标准号	适用范围	样品量	提取方式	萃取试剂	测定化合物种类	分析仪器	使用的色谱柱
1	EPA 1614	水、土壤、沉积物和生物组织	水样 1 L；固体、半固体 10 g（干重）；生物组织 10 g	水样、固相萃取或液液萃取；固体、生物样品、索氏萃取	固相萃取：丙酮及二氯甲烷；液－液萃取：二氯甲烷；索氏萃取：二氯甲烷	所有溴代水平的溴代二苯醚	HRGC-HRMS	DB-5HT 柱，30 m（15 m）× 0.25 mm × 0.1 μm
2	EPA 527	地表水和地下水	1 L 水样	固相萃取	乙酸乙酯／二氯甲烷	4 种 PBDEs（47、99、100 和 153）	GC-EI/MS	DB-5 MS 柱或类似柱（30 m × 0.25 mm × 0.25 μm）
3	ISO 22032：2006	沉积物和污泥	5～10 g 样品（湿重）	索氏萃取	甲苯、丙酮，丙酮与正己烷的混合溶剂，二氯甲烷	7 种 PBDEs（47、99、100、153、154、183 和 209）	GC-EI/NCI-MS	DB-5：30 m × 0.25 mm × 0.1 μm；DB-5：15 m × 0.25 mm × 0.1 μm；Restek-Rtx-CLPesticide：30 m × 0.25 mm × 0.25 μm

续表

序号	标准号	适用范围	样品量	提取方式	萃取试剂	测定化合物种类	分析仪器	使用的色谱柱
4	HJ 909—2017	地表水、地下水、工业废水和生活污水	1 L	液液萃取	二氯甲烷	8 种 PBDEs（28、47、99、100、153、154、183 和 209）	GC−EI/MS	DB-5 色谱柱（15 m × 0.25 mm × 0.1 μm）
5	SC/T 9420—2015	水产养殖环境中的水体和底泥	水样 1 L；底泥 10 g（干重）	水样：液液萃取；底泥：超声提取	液液萃取：二氯甲烷；超声提取：正己烷和丙酮混合溶剂	12 种 PBDEs（3、15、28、47、99、100、153、154、183、203、206 和 209）	GC−EI/MS	DB-5 MS，15 m × 0.25 mm × 0.1 μm，或性能相当者
6	DB 34/T 3100—2018	生活饮用水水源水	1 L	固相萃取	乙酸乙酯／二氯甲烷	8 种 PBDEs（28、47、99、100、153、154、183 和 209）	GC−EI/MS/MS	5% 苯基－甲基聚硅氧烷，15 m × 0.25 mm × 0.1 μm，或其他同等效果的色谱柱

7.3　采集、保存和运输技术要求

7.3.1　采集

样品采集包括采样容器、采样体积、固定剂的添加和现场质控四部分关键内容。

ISO 22032：2006 没有水样保存相关内容，EPA 527 主要针对农药和4 种 PBDEs，不包含十溴二苯醚。因此，水质样品的采集和保存主要参考 EPA 1614、HJ 909—2017、SC/T 9420—2015 和 DB 34/T 3100—2018。

（1）采样容器

各相关标准中有关采样容器的要求见表 7-2。EPA 1614 中要求用具有含氟聚合物衬垫的棕色螺口玻璃瓶，SC/T 9420—2015 中要求用棕色玻璃瓶采样，HJ 909—2017 中要求用 1～4 L 具有聚四氟乙烯内衬旋盖棕色细口玻璃瓶，DB 34/T 3100—2018 中要求用采样体积大于 2 L 具磨口塞的棕色玻璃瓶采样。推荐水样使用具有聚四氟乙烯内衬旋盖棕色细口玻璃瓶采集样品。

表 7-2　国内外标准中关于十溴二苯醚采样容器的技术规定

标准方法	采样容器
ISO 22032：2006	棕色玻璃瓶
EPA 1614	具有含氟聚合物衬垫的棕色螺口玻璃瓶
HJ 909—2017	1～4 L，具聚四氟乙烯内衬旋盖棕色细口玻璃瓶
SC/T 9420—2015	棕色玻璃瓶
DB 34/T 3100—2018	采样体积大于 2 L 具磨口塞的棕色玻璃瓶

（2）采样体积

采样体积一般与分析方法的要求有关，各标准对采样体积的规定存在差异。EPA 1614 中要求采样瓶最小为 1 L；HJ 909—2017 中要求采样体积为 1～4 L；DB 34/T 3100—2018 中要求采样体积大于 2 L，采样瓶要完全注满，不留气泡。推荐采集样品时采样体积大于 2 L。

（3）固定剂的添加

EPA 1614、HJ 909—2017 和 DB 34/T 3100—2018 均考虑了余氯的影响，要求若有余氯，每升水加 80 mg 硫代硫酸钠去除余氯，SC/T 9420—2015 则无相关要求。样品采集时，推荐先通过余氯试纸判定水样中是否有余氯，若有余氯，每升水加 80 mg 硫代硫酸钠去除余氯。

（4）现场质控

DB 34/T 3100—2018 要求采集样品时每批至少采集一个全程序空白样品，其余相关标准则未做规定。由于采样和运输过程中十溴二苯醚存在本底干扰可能性较小，EPA 1614 和国内环境标准中均未规定采集样品时需同时采集全程序空白样品，故全程序空白样品不做强制要求。

7.3.2 保存

国内外标准中关于十溴二苯醚水样的保存要求如表 7-3 所示。其中时间最短的是 SC/T 9420—2015，规定样品需要在 0～5℃条件下避光保存，1 周内完成分析，水样的制备要求水样过 0.45 μm 玻璃纤维滤膜后，于 5℃冰箱内保存，24 h 内提取。DB 34/T 3100—2018 要求避光于 5℃以下冷藏保存，7 d 内萃取。保存时间最长的是 EPA 1614，水样在＜6℃避光保存，可存 1 年。综合 EPA 1614 、HJ 909—2017、SC/T 9420—2015 和 DB 34/T 3100—2018 的要求，推荐水质样品的保存条件为 4℃以下避光保存，14 d 内完成萃取。

表 7-3　相关标准中对水样保存的要求

标准方法	水样保存条件
EPA 1614	水样应在<6℃避光保存，可存 1 年。萃取液在<-10℃避光可也保存 1 年
HJ 909—2017	4℃下保存，14 d 内完成萃取
SC/T 9420—2015	在 0～5℃条件下避光保存，1 周内完成分析。水样的制备要求水样过 0.45 μm 玻璃纤维滤膜后，于 5℃冰箱内保存，24 h 内提取
DB 34/T 3100—2018	避光于 5℃以下冷藏保存，7 d 内萃取

7.3.3　运输

运输过程条件一般应与样品保存条件保持一致（7.3.2），所以国内外标准并未对运输环节进行单独规定。

7.3.4　小结

按照 GB 17378.3—2007、HJ 91.1—2019、HJ 91.2—2022、HJ 164—2020 和 HJ 442.3—2020 的相关规定采集样品。使用采样体积大于 2 L 具聚四氟乙烯内衬旋盖棕色细口玻璃瓶采集样品。采样前先通过余氯试纸判定水样中是否有余氯，若有余氯，每升水加入 80 mg 硫代硫酸钠。4℃下避光保存，14 d 内完成萃取。

参考文献

[1] 林晓珊，吴惠勤，黄晓兰，等 . 十溴二苯醚的降解机理研究 [J]. 分析测试

学报, 2013, 32(8): 993-997.

[2] 于玲, 何旭, 李璇, 等. 高效液相色谱法测定河流水中痕量十溴联苯醚 [J]. 山东化工, 2018, 47(24): 3.

[3] SODERSTROM G, SELLSTROM U, de Wit C A, et al. Photolytic debromination of decabromodiphenyl ether (BDE 209)[J]. Environmental Science & Technology, 2004, 38(1): 127-132.

[4] 张利飞, 黄业茹, 董亮. 多溴联苯醚在中国的污染现状研究进展 [J]. 环境化学, 2010, 29(5): 9.

[5] 罗孝俊, 麦碧娴, 陈社军. PBDEs 研究的最新进展 [J]. 化学进展, 2009(2): 10.

[6] ISO 22032: 2006. Water quality-Determination of selected polybrominated diphenyl ethersin sediment and sewage sludge-Method using extraction and gas chromatography/ massspectrometry[S].

[7] US EPA Method 527. Determination of selected pesticides and flame retardants in drinkingwater by solid phase extraction and capillary column gas chromatography/mass spectrometry (GC/MS)[S].

[8] USEPA Method 1614. Brominated diphenyl ethers in water soil, sediment and tissue by HRGC/HRMS[S].

[9] 水产养殖环境（水体、底泥）中多溴二苯醚的测定气相色谱－质谱法: SC/T 9420—2015[S].

[10] 水质　多溴二苯醚的测定　气相色谱－质谱法: HJ 909—2017[S].

[11] 生活饮用水源水中多溴联苯醚的测定　气相色谱－串联质谱法: DB 34/T 3100—2018[S].

8

全氟化合物

8.1 基本概况

8.1.1 理化性质

全氟和多氟烷基化合物（per-and polyfluoroalkyl substances，PFASs）是含有全氟或多氟烷基（$-C_nF_{2n+1}$）的一类人工合成化学物质，其分子中与碳原子（C）连接的氢原子（H）全部或部分被氟原子（F）取代。F 具有极大的电负性（-4.0），C—F 键是自然界中键能最大的共价键之一（约 460 kJ/mol），使 PFASs 能够经受高热、强光、化学作用、微生物作用和高等脊椎动物的代谢作用而不降解，甚至在某些强氧化剂或强酸碱等极端条件下仍可以保持稳定。由于其特殊的稳定性和疏水疏油性，自 20 世纪 50 年代以来被广泛应用于工业生产和日常生活中，包括电镀工业抑雾剂、消防泡沫、纺织品、涂料、皮革、地毯、化妆品、纸张、不粘锅涂层、家具、油漆、杀虫剂、洗涤剂、抛光剂、润滑剂、电子化学品、半导体或含氟聚合物添加剂等。PFASs 主要包括全氟羧酸类化合物（PFCAs，$C_nF_{2n+1}COO^-$）、全氟磺酸类化合物（PFSAs，$C_nF_{2n+1}SO_3^-$）、全氟磷酸类化合物［PFPAs，$C_nF_{2n+1}(O)P(OH)O^-$］、氟调聚物醇（FTOHs）、全氟烃基磺酰胺类（FASAs，$C_nF_{2n+1}SO_2NH_2$）、全氟烃基磺酰胺乙醇类（FASEs，$C_nF_{2n+1}SO_2NHCH_2CH_2OH$）和全氟烃基磺酰胺乙酸类（FASAAs，$C_nF_{2n+1}SO_2NHCH_2COOH$）等。含 8 个 C 的全氟辛酸（PFOA，$C_7F_{15}COOH$）和全氟辛烷磺酸（PFOS，$C_8F_{17}SO_3H$）是产量最大、应用最广泛、最具有代表性的 PFASs，也是多种 PFASs 在环境中的最终转化产物。

8.1.2　环境危害

大量的生物监测和毒理学研究发现，PFASs 能够从不同途径进入生物体且半衰期较长，还会沿着食物链传递产生生物富集放大效应，积累到一定阈值后，会破坏生物组织、器官的正常活动，扰乱细胞功能，最终导致发育、免疫、胚胎、生殖、神经等方面的毒性危害，还会引起肝中毒、内分泌干扰及致癌等毒害。由于 PFASs 难降解、可远距离迁移，在空气、土壤、地表水、地下水、海洋、沉积物等环境介质以及生物介质（动植物、人体血清等）中已被广泛检出，在青藏高原、南北两极等极端区域也可检测到 PFASs，其对环境和人体健康的负面影响不可小觑。

8.1.3　管理需求

（1）国际方面

PFASs 属于持久性有机污染物（POPs），2009 年 5 月在瑞士日内瓦举行的《关于持久性有机污染物的斯德哥尔摩公约》缔约方大会第四次会议将 PFOS 及其盐类、全氟辛基磺酰氟等 9 种新增化学物质列入该公约的受控范围，2019 年和 2022 年 PFOA 和 PFHxS 及其盐类也被列入该公约受控名单。2009 年 EPA 颁布了饮用水中 PFOS 和 PFOA 的短期健康建议值分别为 200 ng/L 和 400 ng/L，2016 年又将两个值统一修改为 70 ng/L；此后 EPA 又在 2023 年 3 月发布了针对 6 种 PFASs 的《主要饮用水条例》（NPDWR），其中 PFOS 和 PFOA 建议最大污染物水平均为 4.0 ng/L，PFHxS、HFPO-DA、PFNA 和 PFBS 则作为混合物按危害指数 = 1.0（无单位）进行监管。

（2）国内方面

我国在《国家中长期科学和技术发展规划纲要（2006—2020 年）》

中将 POPs 控制列入国家长期科技发展计划的优先研究领域内。2011 年国务院发布《关于加强环境保护重点工作的意见》，要求严格化学品环境管理，加强持久性有机污染物排放重点行业监督管理。2013 年最高人民法院、最高人民检察院《关于办理环境污染刑事案件适用法律若干问题的解释》，明确"非法排放 POPs 等污染物超标三倍以上的"，应认定为"严重污染环境"，使 POPs 非法排放行为的处理有了法律依据。2015 年国务院《关于加快推进生态文明建设的意见》要求"建立健全化学品、持久性有机污染物、危险废物等环境风险防范与应急管理工作机制"。"十四五"时期以来，全氟化合物作为典型新污染物，关注度进一步提升：国家《"十四五"生态环境监测规划》中指出要开展相关背景区域定位监测、城市区域排放监测和执法监测；《生态环境监测规划纲要（2020—2035）》中要求开展系统性手工监测；2022 年《新污染物治理行动方案》对相关的污染治理进行了全面部署；PFOS、PFOA 和 PFHxS 及其盐类被列入国家《重点管控新污染物清单（2023 年版）》；《生活饮用水卫生标准》（GB 5749—2022）中规定了对 PFOA 和 PFOS 的生活饮用水水质限值，分别为 80 ng/L 和 40 ng/L。

8.2　分析方法

8.2.1　国外相关分析方法

目前 ISO、EPA、美国材料与试验协会（ASTM）及日本标准化组织（JIS）等国际组织、国家及地区均发布了有关水中 PFASs 的分析方法标准，详见表 8-1。

表 8-1　国外 PFASs 标准分析方法技术内容

标准名称	EPA 533—2019	EPA 537.1—2020	EPA 8327—2019	EPA Draft Method 1633	ISO 21675—2019	JIS K0450-70-10—2011	ASTM D7979—2019	ASTM D7968—2017a
适用范围	饮用水	饮用水	地表水、地下水、废水及固体	水样、固体样品（土壤、沉积物、污泥）和生物样品	饮用水、地下水、地表水、海水、废水	工业废水、市政污水	水、废水、污泥	土壤
检出限	1.6~16 ng/L	0.70~2.8 ng/L	10~50 ng/L	0.014~9.978 μg/kg	≥0.2 ng/L	—	0.7~106.8 ng/L	2.41~258.37 ng/kg
样品萃取	固相萃取，萃取柱为弱阴离子交换柱	固相萃取，萃取柱填料为苯乙烯-二乙烯基苯聚合物	添加甲醇，使水相和有机相体积比为 1:1，过滤后，使用乙酸调节 pH 为 3~4	振荡萃取，固体样品萃取溶剂为碱性甲醇，生物样品萃取溶剂为碱性乙腈和碱性甲醇	固相萃取，萃取柱为弱阴离子交换柱	固相萃取，萃取柱为 HLB、WAX、C_{18}	水样加入甲醇混匀，过滤后，乙酸调节 pH≈3，过滤后仪器分析；污泥样（固体 2% 以内）加入甲醇，加入氨水调节 pH≈9，过滤，乙酸调节 pH≈3，仪器分析	2 g 土壤样品，加入 10 ml 甲醇溶液（V/V, 1/1），加水振荡萃取 pH≈9，振荡萃取后离心，过滤上清液，乙酸调节 pH 为 3~4，仪器分析

续表

标准名称	EPA 533—2019	EPA 537.1—2020	EPA 8327—2019	EPA Draft Method 1633	ISO 21675—2019	JIS K0450-70-10—2011	ASTM D7979—2019	ASTM D7968—2017a
萃取液净化	固相萃取净化，氨水甲醇洗脱	固相萃取净化，甲醇洗脱	—	固相萃取净化，萃取柱为WAX柱，氨水甲醇洗脱	固相萃取净化，甲醇和氨水甲醇洗脱	固相萃取净化，甲醇和氨水甲醇洗脱	—	—
分析仪器	HPLC-MS/MS	HPLC-MS/MS	HPLC-MS/MS	HPLC-MS/MS	HPLC-MS/MS	HPLC-MS/MS	HPLC-MS/MS	HPLC-MS/MS
定量方法	同位素稀释法	内标法	外标法	内标法	内标法	同位素稀释法	外标法	外标法

注：1. WAX：键合哌嗪的二乙烯基苯和N-乙烯基吡咯烷酮共聚物填料萃取柱；
2. HLB：二乙烯基苯和N-乙烯基吡咯烷酮共聚物填料萃取柱。

8.2.2　国内相关分析方法

国内针对水中 PFASs 的分析方法标准仅有《水质　全氟辛基磺酸和
全氟辛酸及其盐类的测定　同位素稀释 / 液相色谱－三重四极杆质谱法》
（HJ 1333—2023）和《水质　17 种全氟化合物的测定　高效液相色谱串联
质谱法》（DB32/T 4004—2021）。其中，HJ 1333—2023 适用于地表水、地
下水、生活污水、工业废水和海水中 PFOS 与 PFOA 的测定，目标物经
弱阴离子交换固相萃取柱富集净化，用液相色谱－三重四极杆质谱测定，
根据保留时间、特征离子丰度比定性，同位素稀释法定量，当取样量为
0.5 L、定容体积为 1.0 ml、进样体积为 5.0 μl 时，PFOS 的方法检出限
为 0.6 ng/L、PFOA 的方法检出限为 0.5 ng/L。DB32/T 4004—2021 适用于地
表水中 17 种全氟化合物的测定，分析方法与 HJ 1333—2023 类似，当取
样量为 0.5 L、定容体积为 1.0 ml、进样体积为 2.0 μl 时，方法检出限为
0.2～0.3 ng/L。

8.3　采集、保存和运输技术要求

8.3.1　采集

样品采集包括采样容器、采样体积、固定剂的添加和现场质控四部
分关键内容。

（1）采样容器

为避免 PFASs 与玻璃材质发生化学反应而导致化合物损失或污染，
EPA 537.1、EPA 533、ISO 21675—2019 和 DB32/T 4004—2021 均规定使
用聚丙烯（PP）采样瓶，其中国际标准都强调了样品瓶需配有 PP 螺帽，

HJ 1333—2023 和 EPA 8327 则可以使用 PP 或聚乙烯（PE）两种材质，实际工作中发现两种材质采样瓶对 PFASs 的测定均无明显干扰作用。

（2）采样体积

采样体积一般与分析方法的要求有关，各标准对采样体积的规定存在差异，分别为 5～20 ml（EPA 8327）＜100～250 ml（EPA 533）＜不少于 200 ml（DB32/T 4004—2021）＜不少于 250 ml（EPA 537.1）＜500 ml（ISO 21675—2019）＜1 L（HJ 1333—2023），从代表性的角度考虑采样体积一般不应低于 100 ml。

（3）固定剂的添加

EPA 537.1 和 EPA 533 指出，要消除样品中的余氯，两项标准分别规定要添加 5.0 g/L 氨基丁三醇和 1 g/L 醋酸铵，但实际工作中发现，PFASs 作为 POPs，余氯对其测定的影响并不大；EPA 8327 指出，要用等体积的甲醇对样品进行稀释并加入 0.1% 甲酸调节 pH 至 3～4，添加甲醇能避免长碳链疏水性 PFASs 吸附在 PP 或 PE 材质瓶壁上；ISO 21675—2019、HJ 1333—2023 和 DB32/T 4004—2021 则不需要添加任何试剂，实际工作中发现，若要避免长碳链疏水性 PFASs 在 PP 或 PE 瓶壁上的吸附，在样品使用时加入甲醇摇匀即可。

（4）现场质控

由于采样和运输过程中可能会存在 PFASs 本底干扰，HJ 1333—2023 规定采集样品时应同时准备全程序空白样品。用采样瓶装满水带至采样现场，采样时将水转移至另一个采样瓶中，作为全程序空白样品，随实际样品一起保存并运输至实验室。

8.3.2　保存

针对样品的保存，除 JIS K 0450-70-10 未规定具体保存时间外，

其他国际标准方法均对保存时间进行了要求，其中时间最短的是 ISO
21675—2019，其规定样品需要在（5±3）℃条件下冷藏、避光保存，并
且 4 d 内完成分析，但实际工作中发现，POPs、PFASs 在水样中的稳定
保存时间远超 4 d。其他国际标准中的样品保存时间则相对较长，详见
表 8-2。国内标准方法主要参考国际标准进行规定，其中 HJ 1333—2023
选择了较为严格的条件，即样品应密封、避光，4℃以下冷藏保存，14 d
内完成试样的制备。综合上述标准内容，样品在 0～10℃以下冷藏、密
封、避光保存，4～28 d 内完成分析或萃取，萃取液室温可保存 28～
30 d。考虑到 PFASs 的稳定性和工作开展的便捷性，可以在 10℃以下冷
藏、密封、避光保存，28 d 内完成萃取（直接进样法或在线固相萃取法
28 d 内完成分析），萃取液室温可保存 30 d。

表 8-2　PFASs 标准分析方法样品保存要求

标准名称	水样		洗脱液 / 萃取液		其他
	保存温度	保存时间	保存温度	保存时间	
JIS K0450-70-10—2011	0～10℃	—	5℃以下	—	避光
ISO 21675—2019	（5±3）℃	4 d	—	—	避光
EPA 537.1—2020	6℃以下	14 d	室温	28 d	—
EPA 533—2019	6℃以下	28 d	室温	28 d	—
EPA 8327—2019	6℃以下	28 d	室温	30 d	—
ASTM D7979—2019	0～6℃	28 d	—	—	—
DB32/T 4004—2021	4℃	28 d	—	—	—
HJ 1333—2023	4℃以下	14 d	—	—	密封、避光
注：—表示未涉及相关内容。					

8.3.3　运输

运输过程条件一般应与样品保存条件保持一致（8.3.2），所以国内标准和 ISO 等标准并未对运输环节进行单独规定，但 EPA 537.1、EPA 533、EPA 8327 的方法标准均规定了运输过程中样品应处于 4～10℃冷藏状态。

8.3.4　小结

按照 GB 17378.3—2007、HJ 91.1—2019、HJ 91.2—2022、HJ 164—2020 和 HJ 442.3—2020 的相关规定采集样品。可使用 PP 或 PE 材质样品瓶采集样品，采样体积与分析方法的要求一致，一般不低于 100 ml。采集样品时应同时准备全程序空白样品。水样在 10℃以下冷藏、密封、避光保存，28 d 内完成萃取（直接进样法或在线固相萃取法 28 d 内完成分析），萃取液室温可保存 30 d。

参考文献

[1] SAMMUT G, SINAGRA E, HELMUS R, et al. Perfluoroalkyl substances in the Maltese environment‐(I) surface water and rain water[J]. Sci Total Environ, 2017, 589: 182‐190.

[2] SAMMUT G, SINAGRA E, SAPIANO M, et al. Perfluoroalkyl substances in the Maltese environment‐(Ⅱ) sediments, soils and groundwater[J]. Sci Total Environ, 2019, 682: 180‐189.

[3] 国家市场监督管理总局，国家标准化管理委员会 . 生活饮用水卫生标准：GB 5749—2022[S]. 2022.

[4] ISO 21675: 2019 Water quality. Determination of perfluoroalkyl and polyfluoroalkyl substances (PFAS) in water. Method using solid phase extraction and liquid chromatography-tandem mass spectrometry (LC-MS/MS) [S]. International Organization of Standardization, 2019.

[5] EPA 537.1—2020 Determination of selected per-and polyfluorinated Alkyl substances in drinking water by solid phase extraction and liquid chromatography/tandem mass spectrometry[S]. USEPA, 2020.

[6] ASTM D7979—2019 Standard test method for determination of perfluorinated compounds in Water, Sludge, Influent, Effluent and Wastewater by Liquid Chromatography Tandem Mass Spectrometry[S]. American Society for Testing and Materials, 2019.

[7] ASTM D7968—2017a Standard test method for determination of perfluorinated compounds in soil by liquid chromatography tandem mass spectrometry[S]. American Society for Testing and Materials, 2017.

[8] JIS K0450-70-10—2011 Testing Methods for Perfluorooctane-Sulfonate (PFOS) and Perfluorooctanoate (PFOA) in Industrial Water and Wastewater[S]. Japanese Standard Association, 2011.

[9] EPA 8327 Per-and polyfluoroalkyl substances (PFAS) using external standard calibration and multiple reaction monitoring (MRM) liquid chromatography/tandem mass spectrometry (LC/MS/MS)[S]. USEPA, 2019.

[10] EPA 533 Determination of per-and polyfluoroalkyl substances in drinking water by isotope dilution anion exchange solid phase extraction and liquid chromatography/tandem mass spectrometry [S]. USEPA, 2019.

[11] 生态环境部 . 水质　全氟辛基磺酸和全氟辛酸及其盐类的测定　同位素稀释 / 液相色谱－三重四极杆质谱法 : HJ 1333—2023[S]. 2023.

[12] 江苏省市场监督管理局 . 水质　17 种全氟化合物的测定　高效液相色谱串联质谱法 : DB32/T 4004—2021[S]. 2021.

9

抗生素

9.1 基本概况

9.1.1 理化性质

抗生素（Antibiotics）是指由微生物（包括细菌、真菌、放线菌属）或高等动植物在生活过程中所产生的具有抗病原体或其他活性的一类次级代谢产物，能干扰其他生活细胞发育功能的化学物质。目前抗生素的种类已达近千种，按化学结构主要分为七大类：①磺胺类抗生素（Sulfonamides，SAs）是一类具有对氨基苯磺酰胺结构的合成化合物，它的基本化学结构为对氨基苯磺酰胺。本类化合物分子中有芳香第一胺，呈弱碱性；有磺酰氨基，显弱酸性，故本类化合物呈酸碱两性，可与酸或碱成盐而溶于水。②氟喹诺类抗生素（Fluoroquinolones，FQs）是一大类具有 4- 氧代喹啉 6- 氟 -3 羧基结构的合成化合物，基本结构为 4- 氟喹诺酮酸（4-quinolone acid）。喹诺酮类药物分子中因含有羧基而显酸性，同时含有碱性氮原子而显碱性，所以该类药物显酸碱两性。③大环内酯类抗生素（Macrolides，MLs）指链霉菌产生的广谱药物及个人护理品（PPCPs），具有基本的内酯环结构，对革兰阳性菌和革兰阴性菌均有效，尤其对支原体、衣原体、军团菌、螺旋体和立克次体有较强的作用。按其内酯结构母核上含碳数目不同，可分为 14 元环、15 元环和 16 元环大环内酯抗生素。常用的有红霉素、罗红霉素、阿奇霉素。④林可酰胺类抗生素（Lincosamides，LINs）是一种由链霉菌产生的具有强效、窄谱的抑菌性抗菌药物，主要包括林可霉素和克林霉素。⑤β- 内酰胺类抗生素（β-lactams，β-Lacs）是指分子中含有一个 β- 内酰胺环的 PPCPs，包括青霉素类、头孢菌素类、非典型 - 内酰胺类等。⑥四环素类抗生素（Tetracyclines，TCs）是由放线菌产生的一类广谱抗生素。四环素类抗生素的化学结构中均具有典型的氢化并四苯环。C_4 的二甲氨基易发生差向异构化，生成的差向异构体不仅无活性且毒性大。C_6-OH 降低了脂溶性，影响体内吸收和易引起脱水和异构化反应。C_6 去氧半合成 PPCPs 优于母核化合物。⑦氯霉素类抗生素（Chloramphenicols，CAPs）是一种有委内瑞拉链霉素产生的广谱 PPCPs，是自然界发现的第一个带氮原子的化合物。CAPs 中含有对硝基苯基、丙二醇与二氯乙酰胺三个结构，其抗菌活性源于分子结构中的丙二醇。丙二醇能作用于细菌核糖核蛋白体的 50S 亚基，阻挠蛋白质的合成。该抗生素属抑菌性广谱抗生素，常用的有氯霉素、甲砜霉素等，是我国畜禽疾病防治的重要药物。

9.1.2 环境危害

我国作为一个抗生素药物生产和使用大国，原料药及其代谢物对水环境的污染是一个严峻的问题。抗生素类药物大量持续地向环境中释放，会导致其"假性持久性"污染。虽然抗生素在自然水环境中的浓度相对较低，但其对生态系统及人类健康的潜在危害不容忽视。一是对某些生物具有毒性作用，从而影响其正常生长或繁殖。目前针对抗生素类污染物的毒性或风险评估通常是在单一抗生素条件下开展的，然而在实际水环境中，抗生素往往是以多种药物混合共存的形式存在，协同作用可能产生比单一抗生素更强的毒性。二是诱导产生耐药性菌株。抗生素以原型或者代谢化合物的形式进入环境后，仅有部分被水生生物吸收，未被吸收的抗生素则残留在水体或者吸附于沉积物上，长期的残留会诱导耐药性菌株的产生。三是抗生素类污染物可能威胁饮用水的安全性。饮用水水源可能被抗生素污染，若净水厂不能将抗生素去除，其将进入饮用水管网，危害人体健康。

9.1.3　管理需求

　　2015 年 4 月，国务院发布的《水污染防治行动计划》中针对抗生素药物滥用，明确提出要"加强养殖投入管理，依法规范、限制使用抗生素等化学药品，开展专项整治"。2016 年 9 月，14 个部门联合发布了《遏制细菌耐药国家行动计划》，旨在控制抗生素的使用和抗生素耐药性的传播。2019 年 9 月 30 日，生态环境部发布的《生态环境监测规划纲要（2020—2035 年）》中提到，进一步加强对有毒有害污染物和持久性有机污染物的监测和评估。2020 年 10 月 29 日，党的十九届五中全会通过的《中共中央关于制定国民经济和社会发展第十四个五年规划和二〇三五年远景目标的建议》明确指出要重视新污染物治理。2021 年 11 月 2 日，《中共中央　国务院关于深入打好污染防治攻坚战的意见》就加强新污染物治理工作做出部署："加强新污染物治理。制定实施新污染物治理行动方案。针对持久性有机污染物、内分泌干扰物等新污染物，实施调查监测和环境风险评估，建立健全有毒有害化学物质环境风险管理制度，强化源头准入，动态发布重点管控新污染物清单及其禁止、限制、限排等环境风险管控措施。"2022 年，《新污染物治理行动方案》对相关的污染治理进行了全面部署，抗生素被列入国家《重点管控新污染物清单（2023 年版）》。

9.2 分析方法

9.2.1 国外相关分析方法

美国《水、土壤、沉积物和污泥中药物和个人护理品的测定
HPLC/MS/MS方法》（EPA 1694—2007）采用高效液相色谱－串联质谱
法测定了水、土壤、沉积物及生物固体中药品和个人护理品，并提出在
样品前处理前和仪器分析前添加不同的同位素内标物质，采用内标法进
行定量计算。该方法使用 SPE-HPLC-MS/MS 检测 74 种 PPCPs，涵盖磺
胺类、大环内酯类、青霉素类、头孢类、四环素类等抗生素，方法检出
限为 0.1～170 ng/L。

9.2.2 国内相关分析方法

国内针对水中抗生素的分析方法标准仅有《生活饮用水标准检验方
法　第 8 部分：有机物指标》（GB/T 5750.8—2023），该方法用于测定
生活饮用水中 39 种药品和个人护理品。标准在前处理前加入不同的同
位素内标，采用同位素内标稀释法进行定量计算。前处理方法是水样经
过滤后在酸性（pH 约为 2）条件下加入金属螯合剂乙二胺四乙酸二钠
后，用 HLB 固相萃取柱进行富集净化。标准最低质量检测浓度为 0.05～
5ng/L，回收率为 60.0%～124%，线性值为 0.05～100 μg/L，除此之外，
已颁布了 11 项地方标准涉及水中抗生素的测定。国内抗生素标准分析方
法技术内容见表 9-1。

表 9-1　国内抗生素标准分析方法技术内容

标准编号	方法名称	样品预处理	主要性能参数	适用范围
GB/T 5750.8—2023	《生活饮用水标准检验方法　第 8 部分：有机物指标》	固相萃取	最低质量检测浓度为 0.05～5 ng/L	水、土壤、沉积物、生物固体
DB37/T 3738—2019	《水质　磺胺类、喹诺酮类和大环内酯类抗生素的测定　固相萃取　液相色谱／液相色谱 - 三重四极杆质谱法》	固相萃取	方法检出限为 0.001～0.007 μg/L，测定下限为 0.004～0.028 μg/L	生活饮用水
DB22/T 2838—2017	《生活饮用水及水源水中 10 种抗生素的检验方法　超高效液相色谱 - 质谱／质谱法》	固相萃取	最低检测质量浓度为 0.03 μg/L	水
DB32/T 3771—2020	《渔业养殖用水中喹诺酮类抗生素测定　液相色谱 - 串联质谱法》	固相萃取	定量限为 10 ng/L	饮用水、水源水
DB21/T 3286—2020	《水质　5 种磺胺类抗生素的测定　固相萃取　高效液相色谱 - 三重四极杆串联质谱法》	固相萃取	检出限 0.009～0.01 μg/L	渔业用水
DB50/T 1363—2023	《水质　四环素类抗生素的测定　液相色谱 - 串联质谱法》	固相萃取	检出限 1～2 ng/L（取样体积为 1 000 ml）	地表水、地下水、海水、工业废水和生活污水
DB50/T 1364—2023	《水质　氯霉素类抗生素的测定　液相色谱 - 串联质谱法》			

续表

标准编号	方法名称	样品预处理	主要性能参数	适用范围
DB50/T 1365—2023	《水质 大环内酯类和林可酰胺类抗生素的测定 液相色谱－串联质谱法》			
DB50/T 1366—2023	《水质 喹诺酮类抗生素的测定 液相色谱－串联质谱法》			
DB50/T 1367—2023	《水质 磺胺类抗生素的测定 液相色谱－串联质谱法》			
DB65/T 3951—2016	《水质 多种药物残留量的测定 液相色谱－串联质谱法》	固相萃取	检出限为 0.02～0.04 μg/L	饮用水、地表水、污水
DB43/T 2991—2024	《水产养殖环境（水体、底泥）中大环内酯类抗生素的测定 液相色谱－串联质谱法》	固相萃取	水产养殖环境水体检出限为 2 ng/L，水产养殖环境底泥检出限为 0.5 ng/g	水产养殖环境（水体、底泥）

9.3 采集、保存和运输技术要求

9.3.1 采集

样品采集包括采样容器、采样体积、固定剂的添加和现场质控四部分关键内容。

（1）采样容器

EPA 1694 推荐用带聚四氟乙烯衬垫螺旋盖的棕色玻璃瓶，GB/T 5750.8—2023、DB37/T 3738—2019 和 DB21/T 3286—2020 均规定用带有聚四氟乙烯衬垫的棕色玻璃瓶，其中 DB22/T 2838—2017 规定采样容器及其采样过程中要避免聚乙烯的污染，详见表 9-2。据文献报道，聚乙烯和聚丙烯对部分抗生素具有吸附作用，因此综合考虑采样容器推荐为带聚四氟乙烯内衬垫螺旋盖棕色玻璃瓶。

表 9-2 国内外标准中关于抗生素采样容器的技术规定

标准方法	采样容器
EPA Method 1694—2007	聚四氟乙烯内衬垫螺旋盖的棕色玻璃瓶
GB/T 5750.8—2023	聚四氟乙烯内衬垫螺旋盖的棕色玻璃瓶
DB37/T 3738—2019	带有聚四氟乙烯内衬垫的棕色玻璃瓶
DB22/T 2838—2017	玻璃容器，要避免聚乙烯
DB21/T 3286—2020	带有聚四氟乙烯衬垫的棕色玻璃瓶
DB50/T 1363—2023	磨口棕色玻璃瓶
DB50/T 1364—2023	
DB50/T 1365—2023	
DB50/T 1366—2023	
DB50/T 1367—2023	
DB65/T 3951—2016	
DB43/T 2991—2024	棕色样品瓶

（2）采样体积

采样体积一般与分析方法有关，各标准对采样体积的规定存在差异，详见表9-3，从代表性的角度考虑采样体积一般不应低于500 ml。

表9-3　国内外标准中关于抗生素采样体积的技术规定

标准方法	采样体积
EPA Method 1694—2007	不少于1 L
GB/T 5750.8—2023	1 L
DB37/T 3738—2019	不少于1 L
DB22/T 2838—2017	5 L
DB21/T 3286—2020	不少于100 ml
DB50/T 1363—2023	4 000 ml，充满采样瓶不留空间
DB50/T 1364—2023	4 000 ml，充满采样瓶不留空间
DB50/T 1365—2023	4 000 ml，充满采样瓶不留空间
DB50/T 1366—2023	4 000 ml，充满采样瓶不留空间
DB50/T 1367—2023	4 000 ml，充满采样瓶不留空间
DB43/T 2991—2024	不少于1 L
DB65/T 3951—2016	1 L或2 L，充满采样瓶不留空间

（3）固定剂的添加

EPA1694指出，余氯对样品中抗生素的测定有干扰。当对含有余氯的样品进行加标测试时，若样品中加入抗坏血酸，目标物均可被检出；若保护剂为硫代硫酸钠，9种抗生素加标物不能被检出。因此，样品采集时，若样品中可能含有余氯需提前在样品瓶中加入抗坏血酸。同时，实际工作中发现，加入适量的甲醇可以抑制微生物的繁殖，提高水质稳定性。

（4）现场质控

EPA1694和表9-1均未对全程序空白进行规定，实际工作中也未发现采样和运输过程中存在明显本底干扰。因此，建议不对全程序空白样品做强制要求，可根据实际情况和工作需要决定是否准备全程序空白样品。

9.3.2　保存

除 GB/T 5750.8—2023 未规定水样保存时间外，其余标准均对保存时间进行了要求，保存时间最短的为 48 h，最长的为 14 d，保存温度 EPA 1694—2007 规定的是 −10℃保存，其余的标准均是 0~4℃避光保存。EPA 1694—2007 和 DB65/T 3951—2016 规定了萃取液的保存时间为40 d，DB50/T 1363—2023 规定了萃取液的保存时间为 4 d，其余标准均未对其进行规定。

表 9-4　抗生素标准分析方法样品保存要求

标准名称	水样		萃取液	
	保存温度	保存时间	保存温度	保存时间
EPA Method 1694—2007	−10℃保存	7 d	—	40 d
GB/T 5750.8—2023	0~4℃避光保存	—	—	—
DB37/T 3738—2019	0~4℃避光保存	3 d	—	—
DB22/T 2838—2017	4℃密封冷藏保存	1 周内	—	—
DB21/T 3286—2020	0~4℃避光保存	48 h	—	—
DB50/T 1363—2023	0~4℃避光保存	2 d	—	4 d
DB50/T 1364—2023	0~4℃避光保存	14 d	—	—
DB50/T 1365—2023	0~4℃避光保存	14 d	—	—
DB50/T 1366—2023	0~4℃避光保存	14 d	—	—
DB50/T 1367—2023	0~4℃避光保存	14 d	—	—
DB43/T 2991—2024	0~4℃避光保存	7 d	—	—
DB65/T 3951—2016	4℃避光保存	7 d	4℃避光保存	40 d

　　参考上述样品保存条件和保存时间要求，我们开展了样品保存时间研究实验，以确定实际样品的保存时间。选取典型湖库水为实验样品，加标量为 50 ng/L，在 4℃ 以下冷藏、密封、避光条件下保存，于 0 d、1 d、2 d、3 d、4 d、7 d 和 10 d 时，取加标后样品经前处理后上机测试，测定实际样品的加标回收率。实际加标样品保存不同天数的加标回收率结果见表 9-5。以一般有机分析的分析要求（基体加标回收率为 40%～150%）作为样品保存时间的判断依据得到以下结论：① 5 种大环内酯类、19 种磺胺类、18 种喹诺酮类、2 种林可霉素类、3 种氯霉素和 5 种硝基咪唑类抗生素较为稳定，在保存时间 10 d 内，实际加标样品的加标回收率满足 40%～150% 的质控要求；② 20 种 β- 内酰胺类和 8 种四环素类抗生素中，当保存时间为 10 d 时，头孢克洛、青霉素 V 和金霉素加标回收率下降到 40% 以下，其余目标化合物加标回收率满足 40%～150% 的质控要求。

表 9-5　实际加标样品中抗生素保存不同天数的加标回收率　　单位：%

序号	化合物名称	所属类别	0 d	1 d	2 d	3 d	4 d	7 d	10 d
1	阿奇霉素	大环内酯类	100.0	98.7	113.0	84.1	98.6	128.0	111.0
2	克拉霉素		100.0	66.1	75.0	73.3	68.4	72.3	71.3
3	红霉素		100.0	84.2	80.5	53.4	47.5	84.8	66.8
4	罗红霉素		100.0	85.1	107.0	93.0	101.0	117.0	119.0
5	泰乐菌素		100.0	86.2	131.0	106.0	107.0	143.0	127.0
6	磺胺苯酰	磺胺类	100.0	77.2	123.0	123.0	114.0	118.0	94.9
7	磺胺醋酰		100.0	79.0	110.0	108.0	104.0	110.0	102.0
8	磺胺氯哒嗪		100.0	82.1	109.0	107.0	94.1	100.0	90.8
9	磺胺嘧啶		100.0	84.3	97.0	97.6	98.5	103.0	95.1
10	磺胺地索辛		100.0	85.8	47.6	92.1	46.6	71.3	70.5
11	磺胺二甲嘧啶		100.0	99.7	123.0	102.0	101.0	140.0	102.0

续表

序号	化合物名称	所属类别	0 d	1 d	2 d	3 d	4 d	7 d	10 d
12	磺胺邻二甲氧嘧啶	磺胺类	100.0	85.8	45.0	92.1	44.2	69.6	68.8
13	磺胺甲基嘧啶		100.0	87.4	95.7	97.2	97.6	101.0	95.9
14	磺胺对甲氧嘧啶		100.0	85.0	93.6	92.9	91.6	94.6	92.3
15	磺胺甲噻二唑		100.0	80.5	96.2	94.2	82.7	86.5	85.3
16	磺胺甲噁唑		100.0	80.9	110.0	111.0	104.0	111.0	95.1
17	磺胺甲氧哒嗪		100.0	86.9	51.5	83.1	49.8	66.0	67.2
18	磺胺间甲氧嘧啶		100.0	86.6	99.4	99.6	97.0	99.3	94.9
19	磺胺苯吡唑		100.0	77.5	115.0	116.0	110.0	118.0	98.8
20	磺胺吡啶		100.0	85.1	104.0	103.0	104.0	108.0	99.7
21	磺胺喹噁啉		100.0	102.0	78.4	74.1	61.6	87.6	50.7
22	磺胺噻唑		100.0	73.2	136.0	139.0	112.0	133.0	95.6
23	磺胺二甲异噁唑		100.0	87.7	126.0	116.0	106.0	113.0	99.6
24	甲氧苄氨嘧啶		100.0	90.6	123.0	101.0	101.0	139.0	104.0
25	西诺沙星	喹诺酮类	100.0	95.1	90.1	88.5	86.1	91.0	82.4
26	环丙沙星		100.0	92.0	106.0	127.0	111.0	114.0	131.0
27	单诺沙星		100.0	88.0	105.0	138.0	120.0	125.0	128.0
28	依诺沙星		100.0	92.5	111.0	138.0	121.0	129.0	140.0
29	恩诺沙星		100.0	96.0	134.0	120.0	132.0	135.0	112.0
30	氟甲喹		100.0	96.7	90.6	88.4	87.1	91.0	81.0

续表

序号	化合物 名称	所属 类别	0 d	1 d	2 d	3 d	4 d	7 d	10 d
31	加替沙星		100.0	85.0	105.0	118.0	113.0	120.0	127.0
32	左氧沙星 + 氧氟沙星		100.0	79.4	112.0	148.0	128.0	134.0	143.0
33	洛美沙星		100.0	84.0	98.0	108.0	103.0	106.0	113.0
34	莫西沙星	喹 诺 酮 类	100.0	93.8	106.0	120.0	103.0	105.0	111.0
35	萘啶酸		100.0	97.0	133.0	107.0	106.0	149.0	110.0
36	诺氟沙星		100.0	76.5	87.8	108.0	87.7	89.8	102.0
37	奥索利酸		100.0	96.1	125.0	101.0	103.0	140.0	103.0
38	培氟沙星		100.0	103.0	107.0	137.0	125.0	123.0	134.0
39	吡哌酸		100.0	74.0	133.0	137.0	134.0	127.0	130.0
40	沙拉沙星		100.0	84.9	110.0	121.0	89.3	102.0	112.0
41	司帕沙星		100.0	88.9	91.2	92.8	92.5	94.5	91.6
42	克林霉素	林可 霉素 类	100.0	91.1	135.0	104.0	105.0	149.0	114.0
43	林可霉素		100.0	92.6	80.2	77.6	71.6	77.6	68.0
44	氯霉素	氯霉 素类	100.0	103.0	110.0	94.4	98.3	122.0	100.0
45	氟苯尼考		100.0	94.7	94.8	94.5	92.6	93.2	90.4
46	甲砜霉素		100.0	90.7	94.2	96.2	92.5	96.1	93.9
47	金霉素		100.0	66.6	60.8	49.1	46.3	44.1	29.4
48	去甲基金 霉素		100.0	77.0	88.0	83.0	78.0	79.0	78.0
49	多西环素		100.0	102.0	98.9	104.0	89.0	90.3	108.0
50	美他环素	四环 素类	100.0	72.8	92.3	90.1	81.4	82.4	71.6
51	土霉素		100.0	68.5	79.7	74.8	62.7	61.2	50.2
52	四环素		100.0	99.5	85.0	81.3	65.2	101.0	80.9
53	差向脱水四 环素		100.0	54.1	107.0	99.9	97.3	134.0	64.3
54	脱水四环素		100.0	65.9	102.0	133.0	120.0	61.0	104.0

序号	化合物名称	所属类别	0 d	1 d	2 d	3 d	4 d	7 d	10 d
55	阿莫西林		100.0	118.0	123.0	93.2	110.0	135.0	89.9
56	氨苄西林		100.0	77.9	80.6	73.2	59.7	64.0	53.7
57	头孢克洛		100.0	66.3	141.0	67.5	56.5	64.5	28.0
58	头孢羟唑		100.0	91.4	74.7	78.0	64.6	65.6	65.3
59	头孢匹林		100.0	86.2	139.0	95.4	93.1	131.0	84.2
60	头孢唑林		100.0	96.1	64.5	61.2	50.5	57.3	48.8
61	头孢他美		100.0	88.4	109.0	105.0	92.0	99.6	80.8
62	头孢哌酮		100.0	91.7	75.9	74.0	66.7	63.3	61.4
63	头孢噻肟		100.0	69.6	120.0	121.0	91.9	105.0	79.3
64	头孢西丁	β-内酰胺	100.0	80.3	90.4	118.0	101.0	74.0	130.0
65	头孢喹肟		100.0	75.3	118.0	115.0	98.7	100.0	86.6
66	头孢噻呋		100.0	67.6	50.0	148.0	95.6	119.0	76.9
67	头孢氨苄		100.0	71.9	94.3	94.1	75.9	75.1	70.4
68	头孢洛宁		100.0	76.1	116.0	114.0	100.0	102.0	86.8
69	头孢拉啶		100.0	91.8	138.0	95.5	90.8	145.0	102.0
70	氯唑西林		100.0	83.6	87.5	74.0	67.0	73.6	51.4
71	双氯西林		100.0	79.3	60.6	56.9	46.5	61.2	102.0
72	苯唑西林		100.0	67.0	56.0	127.0	92.9	53.0	118.0
73	青霉素 V		100.0	76.6	63.0	86.0	66.3	150.0	39.0
74	哌拉西林		100.0	77.5	94.7	89.8	75.0	77.2	58.0
75	二甲硝咪唑		100.0	104.0	116.0	73.2	100.0	117.0	55.0
76	羟基二甲硝咪唑	硝基咪唑类	100.0	130.0	41.2	85.0	97.3	55.1	73.5
77	甲硝唑		100.0	103.0	70.3	59.6	63.0	65.6	53.6
78	羟基甲硝唑		100.0	113.0	88.4	95.4	96.6	108.0	90.5
79	罗硝唑		100.0	69.7	106.0	104.0	94.4	103.0	90.7

因此，考虑到抗生素的稳定性和工作开展的便捷性，抗生素样品可以在 4℃以下冷藏、密封、避光保存，7 d 内完成分析。

9.3.3 运输

运输过程条件一般应与样品保存条件保持一致（9.3.2），所以国内标准并未对运输环节进行单独规定，但 EPA 1694—2007 规定了 6℃以下避光运输。

9.3.4 小结

按照 GB 17378.3—2007、HJ 91.1—2019、HJ 91.2—2022、HJ 164—2020 和 HJ 442.3—2020 的相关规定采集样品。可使用带有聚四氟乙烯内衬垫螺旋盖棕色玻璃瓶采集样品，采样体积与分析方法的要求一致，一般不低于 500 ml。采集样品时可根据实际情况和工作需求决定是否准备全程序空白样品。水样可在 4℃以下冷藏、密封、避光保存，7 d 内完成分析。

参考文献

[1] 陈雨露 , 许皓伟 , 郭为军 , 等 . 聚乙烯及聚丙烯对抗生素的吸附行为研究 [J]. 环境科学与技术 , 2021, 44(1): 1-6.

[2] EPA 1694—2007. Pharmaceuticals and Personal Care Products in Water, Soil, Sediment, and Biosolids by HPLC/MS/MS[S].

[3] 国家市场监督管理总局 . 生活饮用水标准检验方法   第 8 部分：有机物指标 : GB/T 5750.8—2023[S]. 2023.

[4] 山东省生态环境监测中心 . 水质 磺胺类、喹诺酮类和大环内酯类抗生素的测定 固相萃取 / 液相色谱－三重四极杆质谱法：DB37/T 3738—2019[S]. 2019.

[5] 吉林省质量技术监督局 . 生活饮用水及水源水中 10 种抗生素的检验方法 超高效液相色谱－质谱 / 质谱法：DB22/T 2838—2017[S]. 2023.

[6] 江苏省市场监督管理局 . 渔业养殖用水中喹诺酮类抗生素测定 液相色谱－串联质谱法：DB32/T 3771—2020[S]. 2023.

[7] 辽宁省市场监督管理局 . 水质 5 种磺胺类抗生素的测定 固相萃取高效液相色谱－三重四极杆串联质谱法：DB21/T 3286—2020[S], 2023.

[8] 重庆市市场监督管理局 . 水质 四环素类抗生素的测定 液相色谱－串联质谱法：DB50/T 1363—2023[S]. 2023.

[9] 重庆市市场监督管理局 . 水质 氯霉素类抗生素的测定 液相色谱－串联质谱法：DB50/T 1364—2023[S]. 2023.

[10] 重庆市市场监督管理局 . 水质 大环内酯类和林克酰胺类抗生素的测定 液相色谱－串联质谱法：DB50/T 1365—2023[S]. 2023.

[11] 重庆市市场监督管理局 . 水质 喹诺酮类抗生素的测定 液相色谱－串联质谱法：DB50/T 1366—2023[S]. 2023.

[12] 重庆市市场监督管理局 . 水质 磺胺类抗生素的测定 液相色谱－串联质谱法：DB50/T 1367—2023[S]. 2023.

[13] 湖南省市场监督管理局 . 水产养殖环境（水体、底泥）中大环内酯类抗生素的测定 液相色谱－串联质谱法：DB43/T 2991—2024[S]. 2024.

[14] 新疆维吾尔自治区质量技术监督局 . 水质 多种药物残留量的测定 液相色谱串联质谱法：DB 65/T 3951—2016[S]. 2016.

10

氯化石蜡

10.1 基本概况

10.1.1 理化性质

氯化石蜡（CPs）是一类人工合成的直链石蜡的氯代衍生物，通用分子式为 $C_nH_{(2n+2)}-mCl_m$（$n=10\sim30$，$m=1\sim17$）。其氯含量通常为 30%～70%（质量分数）。因直链石蜡烃碳链长短和氯原子的取代位置不同，CPs 的同系物和同分异构体的种类数量有上万种。由于具有良好的化学稳定性、阻燃性、黏性、低挥发性和价格低廉等优点，被大量工业应用于阻燃剂、增塑剂、冷却剂、润滑剂和密封剂等。根据碳链长度可将其分为短链氯化石蜡（Short-chain chlorinated paraffins，SCCPs，$C_{10}\sim C_{13}$）、中链氯化石蜡（Medium-chain chlorinated paraffins，MCCPs，$C_{14}\sim C_{17}$）和长链氯化石蜡（Long-chain chlorinated paraffins，LCCPs，$C_{18}\sim C_{30}$）。CPs 室温下除氯化程度大于 70%，碳链长度为 20～30 的为白色固体之外，其余均为无色或淡黄色液体。通常不溶于水、低级醇、甘油和二醇，但可溶于氯化溶剂、芳香烃、酮、酯、醚、矿物油和润滑油，适度溶解于未氯化脂肪烃，在大多数非极性有机溶剂如石蜡油中完全溶解。CPs 产品均为复杂的混合物，在 200℃以上随氯化氢气体释放而分解的蜡质固体。

CPs 的物理化学性质因碳链长度以及氯原子取代个数和位置差异存在很大差别。表 10-1 显示 SCCPs、MCCPs 和 LCCPs 的蒸气压分别为 $2.8\times10^{-7}\sim0.5$ Pa，$4.5\times10^{-8}\sim2.3\times10^{-3}$ Pa 和 $10^{-23}\sim2.7\times10^{-3}$ Pa。SCCPs 亨利常数为 0.68～17.7 Pa·m^3/mol，MCCPs 亨利常数为 0.01～51.3 Pa·m^3/mol，LCCPs 亨利常数为 0.03～54.8 Pa·m^3/mol。总体来说，CPs 的蒸气压和亨利常数值随碳链长度和氯化程度增加而减小。辛醇－水分配系数

（K_{ow}）、辛醇－空气分配系数（K_{oa}）和有机碳分配系数（K_{oc}）是评估有机污染物环境行为的重要参数。CPs 的 log K_{ow} 为 4.71～12.98，具有较强疏水性，属于典型的脂溶性化合物，且 log K_{ow} 值随碳链长度增加而升高。CPs 具有较高的 log K_{ow} 和 log K_{oa} 表明其在生物体内具有较强的富集能力。CPs 的以上物理化学性质决定了其具有 POPs 相似性质，可在水、土壤和空气等各介质之间迁移分配和远距离传输，并能够在生物体内蓄积。

表 10-1　CPs 分类和物理化学性质

	SCCPs	MCCPs	LCCPs C$_{18\sim20}$	LCCPs C$_{>20}$ 液体	LCCPs C$_{>20}$ 固体
分子式	$C_xH_{(2x\sim y+2)}$ Cl_y x=10～13, y=3～x	$C_xH_{(2x\sim y+2)}$ Cl_y x=14～17, y=3～x	$C_xH_{(2x\sim y+2)}$ Cl_y x=18～20, y=3～x	$C_xH_{(2x\sim y+2)}$ Cl_y x>20, y=3～x	$C_xH_{(2x\sim y+2)}Cl_y$ x>20, y=3～x
CAS 号	85535-85-8	85535-85-9	多种	多种	多种
log K_{ow}（辛醇－水分配系数）	4.71～6.93（30%～70% Cl）	5.47～8.21（32%～68% Cl）	7.34～7.57（34%～54% Cl）	7.46～12.83（42%～49% Cl）	—
水溶解度 S_w/（μg/L）	6.4～2 370（48%～71% Cl）	$9.6\times10^{-2}\sim$ 50（37%～56% Cl）	0.017～6.1（34%～54% Cl）	$1.6\times10^{-6}\sim$ 6.6（41.9%～50% Cl）	$1.6\times10^{-11}\sim$ 5.9（70%～71.3% Cl）
蒸气压 Vp/Pa	$2.8\times10^{-7}\sim$ 0.028（48%～71% Cl）$4.9\times10^{-4}\sim$ 0.5（33%～61% Cl）	$4.5\times10^{-8}\sim$ 2.3×10^{-3}（42%～58% Cl）	$2\times10^{-5}\sim$ 5×10^{-4}（40%～52% Cl）	$3\times10^{-15}\sim$ 2.7×10^{-3}（40%～54% Cl）	$1\times10^{-23}\sim$ 3×10^{-14}（70% Cl）

续表

	SCCPs	MCCPs	LCCPs $C_{18\sim20}$	LCCPs $C_{>20}$ 液体	LCCPs $C_{>20}$ 固体
亨利常数 HLC/（Pa·m³/mol）	0.68～17.7（48%～56% Cl）	0.014～51.3（37%～56% Cl）	0.021～54.8（34%～54% Cl）	0.003（50% Cl）	$3.6\times10^{-7}\sim$ 5.6×10^{-6}（70%～71.3% Cl）
$\log K_{oa}$（辛醇－空气分配系数）	4.86～13.71（30%～70% Cl）	8.81～12.96（32%～68% Cl）	9.21～12.12（34%～54% Cl）	—	—
$\log K_{oc}$（有机碳分配系数）	4.1～5.44	5.0～6.23	—	—	—

10.1.2　环境危害

CPs 是一种新型的持久性有机污染物，具有环境持久性、远距离迁移性、高毒性和生物富集性的特点。CPs 可通过挥发或附着于空气颗粒物进入大气环境中，在大气中具有远距离迁移潜力。在条件适宜情况下，通过在大气、水、沉积物、土壤环境中发生沉降、迁移和蓄积等循环过程，遍布全球各地。目前在远离排放源的南北极、野生生物以及偏远地区的土壤中均被检测到。

CPs 的毒性和碳链长度呈负相关，碳链越短毒性越大，通常中链和长链 CPs 比短链的毒性弱，因此目前对哺乳动物和环境的毒性研究通常多侧重短链 CPs 的毒性报道，对中长链毒性关注较少。然而基于对老鼠毒性的最低效应水平（LOEL）研究结果显示，中链 CPs 比短链毒性强。欧洲食品安全局在 2019 年 CPs 风险评估草案中提出，在低浓度短链 CPs

暴露下研究观察到对大鼠产生不良毒性，显著高于中链氯化石蜡。CPs
对哺乳动物的毒性主要作用于肝脏、肾脏、甲状腺和副甲状腺等器官，
而中链 CPs 对大鼠的发育毒性主要体现在对大鼠后代体重和血液参数产
生不良影响。短链 CPs 已被确定对人体具有致癌性，且在高度氯化程度
下具有致突变性。据报道，短链 CPs 与其他持久性有机污染物在大鼠体
内存在毒理学相互作用，短链 CPs 和多溴联苯醚（PBDE-47）可协同诱
导大鼠体内肝脏代谢活性（EROD），并降低血清中游离甲状腺素水平。
近期试验表明，高氯化的短链 CPs 对斑马鱼幼鱼具有明显的神经毒性作
用。短链 CPs 对小鼠的免疫具有调节作用。

10.1.3　管理需求

CPs 于 2017 年 5 月被正式列入《关于持久性有机污染物的斯德哥尔
摩公约》的附件 A 受控名单。中链 CPs 达到欧盟化学品评估、授权与限
制法规（REACH）规定的毒性阈值，因此被视为对环境具有毒性危害，
引起了广大学者的高度关注。

10.2　分析方法

10.2.1　国外相关分析方法

CPs 由于碳链长短、取代氯原子数目和取代位置的不同导致存在数
千种甚至上万种异构体的混合物，且色谱分离度不足、复杂的同位素模
式及未知的参考物质组成等原因使 CPs 的分析具有挑战性。色谱分离
技术无法将各化合物完全分离，色谱峰呈鼓包形式，定量时通常以某一

保留时间段的峰合并计算导致定量结果不准确。国外目前仅 ISO 发布了 ISO 12010—2019 和 ISO 18635—2016，对水质、沉积物、污泥和悬浮颗粒中 CPs 的分析方法做出了规定。

10.2.2　国内相关分析方法

目前，国内关于 CPs 只有纺织品和电器类的相关标准，尚无环境介质 CPs 标准分析方法，环境介质中 CPs 的检测仅限于文献报道。目前研究者多采用气相色谱－质谱法（GC/MS）对 CPs 进行测定。表 10-2 概述了目前国内外标准以及文献报道的各类环境介质中的不同定量分析方法对比。

表 10-2　国内外报道的 CPs 的分析方法对比

方法名称	制定年份	适用范围	前处理方式	检测方法	方法检出限
ISO 12010—2019	2019	水质	正庚烷液液萃取后经硅酸镁柱净化后浓缩	气相色谱－电子捕获负离子源质谱法	0.1 mg/L
ISO 18635—2016	2016	沉积物、污泥、悬浮颗粒	正庚烷液液萃取后经旋转蒸发浓缩后过铜粉－氧化铝柱净化	气相色谱－电子捕获负离子源质谱法	0.03 mg/kg
《电子电气产品中短链氯化石蜡的测定　气相色谱－质谱法》（GB/T 33345—2016）	2016	电子产品	样品粉碎后索氏提取，经硅胶柱分离净化浓缩	气相色谱－电子捕获负化学电离源质谱法	100 mg/kg

续表

方法名称	制定年份	适用范围	前处理方式	检测方法	方法检出限
《纺织染整助剂产品中短链氯化石蜡的测定》（GB/T 38268—2019）	2019	纺织品	正己烷振荡萃取后氮吹浓缩，浓硫酸净化	气相色谱 - 火焰离子化检测法	20 mg/kg
文献[14]	2014	大气	二氯甲烷索氏提取，氧化铝二氧化硅净化后浓缩	气相色谱 - 电子捕获负化学电离源质谱法	2.65 ng/m³
文献[15]	2011	污水、污泥、湖水和底泥	二氯甲烷 - 正己烷（1∶1）加速溶剂法萃取，弗罗里硅土柱净化	气相色谱 - 电子捕获负化学电离源质谱法	0.1 mg/kg
文献[16]	2014	海水、底泥	海水固相萃取后正己烷 - 二氯甲烷（1∶2）洗脱；底泥采用丙酮 - 正己烷（1∶1）加速溶剂萃取。之后通过活性铝 - 硅胶柱净化后浓缩	气相色谱 - 三重四极杆质谱法	0.02 mg/kg
文献[5]	2017	土壤	正己烷 - 二氯甲烷（1∶1）加速溶剂萃取旋蒸浓缩后通过复合硅胶柱净化	全二维气相色谱串联电子捕获负化学离子源质谱法	0.008 mg/kg
文献[17]	2017	血液	乙醇 - 正己烷振荡萃取后过氧化铝柱净化后氮吹浓缩	超高效液相色谱 - 串联四极杆飞行时间质谱	0.5 mg/L

10.3 采集、保存和运输技术要求

文献中关于环境介质中 CPs 采样的相关规定，总结如下。

（1）水样采集情况

ISO 12010—2019 使用 1 L 玻璃瓶采样，样品不采满（留少量空间给后续实验室提取加入萃取剂），采样瓶中加入替代物内标，摇匀后迅速带回实验室加入 10 ml 正庚烷直接振荡萃取。王迎军等使用 2.5 L 的棕色磨口玻璃瓶采集水质样品。4℃以下冷藏、避光保存。Dick 等将塑料瓶浸没水体取满水样，暗处冷藏保存。

（2）沉积物样品采集情况

ISO 18635—2016 将样品采集进 1 L 或 5 L 玻璃瓶中，2～8℃暗处运输，1～5℃保存，进入实验室立即冷冻干燥，过筛。Chen 等和 Yuan 等采用不锈钢抓取器采样装入塑料袋保存，样品经冰盒运输至实验室后，−20℃冷冻保存。Yuan 等使用 500 ml 棕色广口玻璃瓶采集土壤和沉积物样品，4℃冷藏、避光保存。样品使用冷冻干燥法制备干样，并过 100 目金属筛得到均值的沉积物样品。

（3）土壤样品采集情况

Yuan 等使用 500 ml 棕色广口玻璃瓶采集土壤和沉积物样品，4℃冷藏、避光保存。样品使用冷冻干燥法制备干样，并过 100 目金属筛得到均值的土壤样品。Gao 等采用不锈钢铲取样，5 点法采样后混匀，样品用铝箔包裹，装入密封的聚乙烯袋中，冷藏带冰转移到实验室。将土壤样品冷冻干燥，研磨成均质粉末，过 60 目筛后存放在棕色玻璃瓶中，4℃冷藏保存直至分析。

目前关于 CPs 的标准方法较少，ISO 和相关文献中多采用玻璃材质的采样容器和不锈钢材质的采样工具。这与大部分新污染物样品采集和

保存的要求相同。通过 CPs 的生产和用途不难发现，塑料中可能含有 CPs，从而带来较大的空白干扰，最终影响分析结果。在实际工作中我们也发现，样品在采样和分析过程中与塑料的接触极易导致空白污染。与其他新污染物相比，空白的控制是样品采集和保存过程中的重点。

10.3.1 采集

样品采集包括采样容器、采样体积、固定剂的添加和现场质控四部分关键内容。

地表水、地下水、污水以及海水的 CPs 样品采集可分别按照 HJ/T 91.2—2002、HJ/T 91.1—2019、GB/T 14581—93、HJ/T 164—2020、GB 17378.3—2007 的相关规定执行。需要注意的是，采样过程中应避免接触塑料制品，包括手套、采样器具等。

（1）采样容器

按照 ISO 12010—2019 和相关文献，采样容器采用棕色磨口玻璃瓶。为保证空白符合要求，采样前应对采样容器空白进行抽检。

（2）采样体积

ISO 12010—2019 方法中样品不采满（留少量空间给后续实验室提取加入萃取剂），实际工作中可以依据分析方法要求确定采样体积。

（3）固定剂的添加

相关分析方法均未要求加入保存剂，根据 CPs 的性质，样品中的余氯对其测定的影响并不大。由于 CPs 疏水性强，需要考虑其在容器壁上的吸附，ISO 12010—2019 采用了在采样容器中萃取的方式，也可采用萃取前用萃取溶剂洗涤采样瓶的方式。

（4）现场质控

由于采样和运输过程中可能会存在 CPs 空白干扰，采集样品时应同

时采集全程序空白样品。用干净的 1 L 具塞磨口棕色玻璃瓶装满实验用
水带至采样现场。采样时，将实验用水转移至采样瓶中，充满采样瓶，
作为全程序空白样品，随实际样品一起保存并运输至实验室。

10.3.2　保存

ISO 12010—2019 中规定，样品若不能及时测定，于 4℃以下冷藏、
避光保存，尽快分析。考虑到 CPs 样品较稳定，参照其他持久性有机污
染物，4℃以下避光保存，14 d 内完成萃取。CPs 的采样和保存要求见
表 10-3。

表 10-3　短链 CPs 水样采样和保存要求

项目	采样容器	保存剂及用量	保存期	最少采样量 / ml	容器洗涤	采样注意事项
CPs	G	无	4℃以下冷藏、避光保存，14 d 内完成萃取	1 000	—	采样过程应避免接触塑料制品，包括手套、采样器具等

10.3.3　运输

运输过程条件一般应与样品保存条件保持一致（10.3.2），4℃避光
运输。

10.3.4　小结

结合相关调研结果和实际工作，CPs 可按照 GB 17378.3—2007、

HJ 91.1—2019、HJ 91.2—2022、HJ 164—2020 和 HJ 442.3—2020 的相关
规定采集样品。使用棕色玻璃样品瓶采集样品，采样前应对采样容器空
白进行抽检。采样体积与分析方法的要求一致，至少 1 000 ml。采集样
品时应同时准备全程序空白样品。水样在 4℃以下冷藏、密封、避光保
存，14 d 内完成萃取。

参考文献

[1] KENNE K, AHLBORG U G, WORLD HEALTH O. Chlorinated paraffins [Z].
    Geneva: World Health Organization, 1996.

[2] FEO M L, ELJARRAT E, BARCEL D, et al. Occurrence, fate and analysis of
    polychlorinated n-alkanes in the environment [J]. TrAC Trends in Analytical
    Chemistry, 2009, 28(6): 778-791.

[3] VAN MOURIK L M, GAUS C, LEONARDS P E G, et al. Chlorinated
    paraffins in the environment: A review on their production, fate, levels and
    trends between 2010 and 2015 [J]. Chemosphere, 2016, 155: 415-428.

[4] LI H, FU J, ZHANG A, et al. Occurrence, bioaccumulation and long-range
    transport of short-chain chlorinated paraffins on the Fildes Peninsula at King
    George Island, Antarctica [J]. Environment International, 2016, 94: 408-414.

[5] WANG K, GAO L, ZHU S, et al. Spatial distributions and homolog profiles of
    chlorinated nonane paraffins, and short and medium chain chlorinated paraffins
    in soils from Yunnan, China [J]. Chemosphere, 2020, 247: 125855.

[6] ALI T E-S, LEGLER J. Overview of the Mammalian and Environmental
    Toxicity of Chlorinated Paraffins [M]//BOER J. Chlorinated Paraffins. Berlin,
    Heidelberg: Springer Berlin Heidelberg. 2010: 135-154.

[7] EFSA. Scientific opinion on the risk for animal and human health related to
    the presence of chlorinated paraffins in feed and food [J]. 2019.

[8] HALLGREN S, DARNERUD P O. Polybrominated diphenyl ethers (PBDEs), polychlorinated biphenyls (PCBs) and chlorinated paraffins (CPs) in rats—testing interactions and mechanisms for thyroid hormone effects [J]. Toxicology, 2002, 177(2): 227-243.

[9] YANG X, ZHANG B, GAO Y, et al. The chlorine contents and chain lengths influence the neurobehavioral effects of commercial chlorinated paraffins on zebrafish larvae [J]. Journal of Hazardous Materials, 2019, 377: 172-178.

[10] GL GE J, SCHINKEL L, HUNGERB HLER K, et al. Environmental risks of medium-chain chlorinated paraffins (MCCPs): A review [J]. Environmental Science & Technology, 2018, 52(12): 6743-6760.

[11] UNEP. UNEP/POPS/COP. 8/SC-8/11. Listing of short-chain chlorinated paraffins [J]. 2017.

[12] Water quality-Determination of short-chain polychlorinated alkanes (SCCP) in water-Method using gas chromatography-mass spectrometry (GC-MS) and negative-ion chemical ionization (NCI): ISO 12010—2019[S].

[13] Water quality—Determination of short-chain polychlorinated alkanes (SCCPs) in sediment, sewage sludge and suspended (particulate) matter— Method using gas chromatography-mass spectrometry (GC-MS) and electron capture negative ionization (ECNI): ISO 18635-2016[S].

[14] CHAEMFA C, XU Y, LI J, et al. Screening of atmospheric short-and medium-chain chlorinated paraffins in India and pakistan using polyurethane foam based passive air sampler [J]. Environmental Science & Technology, 2014, 48(9): 4799-4808.

[15] ZENG L, WANG T, WANG P, et al. Distribution and trophic transfer of short-chain chlorinated paraffins in an aquatic ecosystem receiving effluents from a sewage treatment plant [J]. Environmental Science & Technology, 2011, 45(13): 5529-5535.

[16] MA X, ZHANG H, WANG Z, et al. Bioaccumulation and trophic transfer of short chain chlorinated paraffins in a marine food web from liaodong bay, North

China [J]. Environmental Science & Technology, 2014, 48(10): 5964-5971.

[17] LI T, WAN Y, GAO S, et al. High-throughput determination and characterization of short-, medium-, and long-chain chlorinated paraffins in human blood [J]. Environmental Science & Technology, 2017, 51(6): 3346-3354.

[18] CASTELLS P, SANTOS F J, GALCERAN M T. Solid-phase extraction versus solid-phase microextraction for the determination of chlorinated paraffins in water using gas chromatography-negative chemical ionisation mass spectrometry [J]. Journal of Chromatography A, 2004, 1025(2): 157-162.

[19] 王迎军, 王亚韡, 江桂斌. 固相萃取法测定水中短链氯化石蜡 [J]. 分析化学, 2018, 46(7): 1102-1108.

[20] DICK T A, GALLAGHER C P, TOMY G T. Short- and medium-chain chlorinated paraffins in fish, water and soils from the iqaluit, Nunavut (Canada), area [J]. World Review of Science, Technology and Sustainable Development, 2010, 7(4): 387-401.

[21] CHEN MY, LUO XJ, ZHANG XL, et al. Chlorinated paraffins in sediments from the pearl river delta, south china: spatial and temporal distributions and implication for processes [J]. Environmental Science & Technology, 2011, 45(23): 9936-9943.

[22] YUAN B, BR CHERT V, SOBEK A, et al. Temporal trends of C_8–C_{36} chlorinated paraffins in swedish coastal sediment cores over the past 80 years [J]. Environmental Science & Technology, 2017, 51(24): 14199-14208.

[23] YUAN B, WANG Y, FU J, et al. An analytical method for chlorinated paraffins and their determination in soil samples [J]. Chinese Science Bulletin, 2010, 55(22): 2396-2402.

[24] GAO Y, ZHANG H, SU F, et al. Environmental occurrence and distribution of short chain chlorinated paraffins in sediments and soils from the Liaohe River Basin, P. R. China [J]. Environmental Science & Technology, 2012, 46(7): 3771-3778.

11

得克隆

11.1 基本概况

11.1.1 理化性质

得克隆（Dechlorane Plus，DP，CAS 号：13560-89-9）学名为双（六氯环戊二烯）环辛烷，是一种典型的氯代阻燃剂，无味、白色、流动性能良好的粉末，最初在 20 世纪 60 年代作为灭蚁灵的替代品引入市场。2007 年，《关于持久性有机污染物的斯德哥尔摩公约》（以下简称《斯德哥尔摩公约》）对灭蚁灵和多溴联苯醚（PBDEs）进行管制后，由于 DP 成本低、密度低、热稳定性和光化学稳定性高，欧盟委员会将 DP 作为电子应用中使用的 27 种化合物的可能替代品，此后 DP 使用量剧增，其被广泛应用于电线、电缆、尼龙、电子元件、电视以及计算机外壳等高分子材料。其分子式为 $C_{18}H_{12}Cl_{12}$，相对分子质量为 653.58，氯含量 65.1%，熔点 350℃，密度 1.8 g/cm^3，挥发性（5 mm 汞度、100℃加热 4 h）0.12%，辛醇‑水分配系数（log K_{ow}）9.3，辛醇‑空气分配系数（log K_{oa}）14.0。DP 隶属有机氯系脂肪族，包括顺式（syn-DP）和反式（anti-DP）两种同分异构体。

11.1.2 环境危害

DP 具有很强的疏水性和亲脂性，可以在生物体内蓄积并沿食物链放大，使高营养级的生物体内 DP 含量更高，最终可能对生态系统和人类健康产生危害。同时，DP 还具备热稳定性（分解温度为 285℃），难以被生物和自然光降解，可在环境中稳定长期存在。标准 Ames 测试没有发现 DP 有致突变性，毒理学实验表明 DP 具有相对较低的急性毒性（白化大鼠：口服 LD_{50} 为 25 g/kg；白化兔子：真皮注射 LD_{50} 为 8 g/kg；大鼠：吸入 LD_{50} 为 2.25 mg/g），但是长期皮肤接触和吸入高浓度 DP 会造成肺部、肝脏和生殖系统组织病变等。

DP 用作阻燃剂已被生产和使用了近 50 年，但直到 2006 年 DP 才被意外地从北美五大湖地区的大气、沉积物和鱼体中检出。由于 DP 具有明显的生物富集和生物放大作用，其营养级放大因子与多氯联苯（PCBs）相当，是 PBDEs 的 2～3 倍。因此，关于 DP 在生物体的富集及危害应该引起重视。

11.1.3　管理需求

（1）国际方面

由于 DP 的特性符合 POPs，根据《斯德哥尔摩公约》附件 D 的评估，DP 及其异构体 syn-DP 和 anti-DP 被列为 POPs 筛查嫌疑物质，它的环境行为及环境效应已经受到广泛重视与关注，2023 年被《斯德哥尔摩公约》正式列入附件 A，纳入该公约管控化学物质。2022 年，欧洲化学品管理局（ECHA）发布了限制 DP 投入欧盟市场的草案。

（2）国内方面

2015 年国务院《关于加快推进生态文明建设的意见》要求"建立健全化学品、持久性有机污染物、危险废物等环境风险防范与应急管理工作机制"。得克隆类被列入国家《重点管控新污染物清单（2023 年版）》。2022 年国务院印发的《新污染物治理行动方案》指出，2025 年年底前初步建立新污染物环境调查监测体系。我国作为得克隆生产大国，产量占全球的 50% 左右，迫切需要开展不同环境介质中得克隆的监测工作。

11.2　分析方法

11.2.1　国内外相关分析方法

目前，国内外尚未制定水体中 DP 统一的分析方法标准。

11.2.2　国内外相关文献调研情况

由于 DP 的正辛醇－水分配系数（$\log K_{ow}$）较高，不易溶于水，从理论上说，DP 在水体中质量浓度较低或不易在水体中分布，但是根据文献报道，在实际水体中仍检测出 DP 的残留，目前研究者多采用 GC-MS 法对 DP 进行测定。表 11-1 概述了目前国内外文献报道的不同水体中 DP 的检测分析方法对比。

表 11-1　国内外水体 DP 的检测分析方法对比

环境介质	文献来源	样品采集及保存	前处理方法	分析方法	浓度范围及检出限
污水、地表水	禹甸等（2017）	—	液液萃取	GC-MS-NCI	地表水：ND～3.13 ng/L，污水：3.48×10^3～1.64×10^4 ng/L
地表水	Ma W L 等（2011）	棕色玻璃瓶采集，立即送至实验室，水样中加入 100 ml 二氯甲烷后 4℃避光保存	液液萃取	GC-MS-NCI	MDL：40～50 pg/L

续表

环境介质	文献来源	样品采集及保存	前处理方法	分析方法	浓度范围及检出限
海水	魏葳等（2014）	具聚四氟乙烯硅隔垫瓶盖的4 L棕色玻璃瓶，4℃冰箱保存	固相萃取	GC-MS-NCI	MDL：0.01～0.08 ng/L
海水	巩宁等（2013）	—	液液萃取	GC-MS-NCI	1.54±0.73 ng/L
地表水、污水处理厂出口废水	Wang L等（2012）	棕色玻璃瓶采集，1 L水样中加入100 ml二氯甲烷后4℃避光保存	液液萃取	GC-MS-NCI	地表水：0.063～0.47 ng/L，污水处理厂出口：0.25～0.47 ng/L
近岸海水	Jia H L等（2011）	具聚四氟乙烯硅隔垫瓶盖的棕色玻璃瓶采集，1 L水样中加入100 ml二氯甲烷后4℃保存	液液萃取	GC-MS-NCI	近岸海水：ND～3.6 ng/L
地表水	Qi H等（2010）	具聚四氟乙烯硅隔垫或铝箔封口瓶盖的棕色玻璃瓶采集，1 L水样中加入100 ml二氯甲烷后4℃避光保存	液液萃取	GC-MS-NCI	MDL：40～50 pg/L
污水	齐虹等（2010）	棕色玻璃瓶，44℃避光保存，1周内完成萃取净化	液液萃取	GC-MS-NCI	0.44～2.84 ng/L

11.3 采集、保存和运输技术要求

目前，国内外均无得克隆有关标准规范，DP为卤化阻燃剂的重要组成部分，采样及分析参考PBDEs相关标准及上述文献。

11.3.1　采集

地表水、地下水、污水及海水的样品采集分别按照 HJ 91.2—2022、HJ 91.1—2019、GB/T 14581—93、HJ 164—2020、GB 17378.3—2007、HJ 442.3—2020 的相关规定执行。

采样瓶采集样品，采集 1 L，每升水加入 80 mg 硫代硫酸钠，于 4℃ 保存，14 d 内完成萃取。

由于采样和运输过程中不存在 DP 本底干扰，因此采集样品过程中不需要准备全程序空白样品。

11.3.2　保存

对于样品的保存，参考《水质　多溴二苯醚的测定　气相色谱－质谱法》（HJ 909—2017）的相关规定，见表 11-2。

表 11-2　DP 水样采样和保存要求

项目	采样容器	保存剂及用量	保存条件	保存期	最少采样量	采样注意事项
DP	棕 G	硫代硫酸钠 0.008%（若水样含余氯）	4℃以下	14 d 内萃取，萃取液 28 d 内分析完毕	1 000 ml	采样瓶盖为磨口玻璃塞或聚四氟乙烯衬垫的螺口瓶盖，样品 4℃以下冷藏、避光密封运输及保存

11.3.3　运输

采样瓶盖为磨口玻璃塞或聚四氟乙烯衬垫的螺口瓶盖，样品 4℃以下冷藏、避光密封运输及保存。

11.3.4　小结

　　按照 GB 17378.3—2007、HJ 91.1—2019、HJ 91.2—2022、HJ 164—2020 和 HJ 442.3—2020 的相关规定采集样品。可使用磨口玻璃塞或聚四氟乙烯衬垫的螺口瓶盖的棕色玻璃样品瓶采集样品，采样体积与分析方法的要求一致，一般不低于 1 000 ml。采集样品时应同时准备全程序空白样品。水样在 4℃以下冷藏、密封、避光保存，14 d 内完成萃取，萃取液可保存 28 d。

参考文献

[1] REN G F, ZHANG J, YU Z Q, et al. Dechlorane Plus(DP) in indoor and outdoor air of an urban city in South China: Implications for sources and human inhalation exposure[J]. Environmental Forensics, 2018, 19(2): 155-163.

[2] TALSNESS C E. Overview of toxicological aspects of polybrominated diphenylethers: A flame-retardant additive in several consumer products[J]. Environmental Research, 2008, 108(2): 158-167.

[3] HOH E, ZHU L, HITES R A. Dechlorane Plus, a chlorinated flame retardant, in the Great Lakes[J]. Environmental Science & Technology, 2006, 40(4): 1184-1189.

[4] 禹甸, 李志刚, 鲜啟鸣. 得克隆生产厂周边环境中得克隆的污染水平及分布特征 [J]. 南京大学学报（自然科学版）, 2017, 53(2): 301-308.

[5] MA W L, LIU LY, QI H, et al. Dechlorane plus in multimedia in northeastern Chinese urban region[J]. Environmental International, 2011, 37: 66-70.

[6] 魏葳, 那广水, 赫春香, 等. GC-NCI/MS 法分析海水中得克隆类物质 [J].

分析试验室 , 2014, 33(2): 162-166.

[7] WANG L, JIA H L, LIU X J, et al. Dechloranes in a river in northeastern China: Spatial trends in multi-matrices and bioaccumulation in fish (*Enchelyopus elongatus*) [J]. Ecotoxicology and Environmental Safety, 2012, 84: 262-267.

[8] JIA H L, SUN Y Q, LIU X J, et al. Concentration and bioaccumulation of dechlorane compounds in coastal environment of northern China[J]. Environmental Science & Technology, 2011, 45: 2613-2618.

[9] QI H, LIU L Y, JIA H L, et al. Dechlorane Plus in surficial water and sediment in a Northeastern Chinese river[J]. Environmental Science & Technology, 2010, 44: 2305-2308.

[10] 齐虹 , 黄俊 , 沈吉敏 , 等 . 气相色谱－质谱联用法测定污水中得克隆阻燃剂 [J]. 哈尔滨工业大学学报 , 2010, 6(42): 995-999.

总

结

　　本书聚焦当前备受瞩目的《重点管控新污染物清单（2023年版）》中的新污染物和其他高关注度的新污染物，系统性地研究其水样采集、保存与运输的技术要求。本书不仅对比国内外这一领域的最新研究成果与技术标准，并进行了更为详尽的实验研究，明确了适用性广、可操作性强、科学严谨的技术要求，以确保监测数据的准确性和可比性。

　　在采样方案上，本书创新性地提出合并采样与差异化采样相结合的思路。多项目合并采样策略有效应对性质相似、浓度相近新污染物的监测需求，通过优化资源配置，实现成本与时间的双重节约；而差异化采样则针对不同来源、性质的新污染物，确保监测的精准性和针对性，为治理工作提供坚实的数据支撑。根据研究结果，作者给出以下建议：

　　挥发性有机物、六氯丁二烯、邻苯二甲酸酯类、烷基酚及双酚A、抗生素、全氟和多氟烷基物质、短链氯化石蜡，因化合物性质特殊，需单独采样。为避免运输过程污染，邻苯二甲酸酯类、烷基酚及双酚A、短链氯化石蜡的采样瓶瓶口塞紧后用铝箔纸封口。全氟和多氟烷基物质使用PP材质样品瓶，采样和运输过程中不能接触聚四氟乙烯材质配件。

　　其他持久性有机物，如三氯杀螨醇、六溴环十二烷及四溴双酚A、多溴二苯醚、得克隆等物质，可合并采样，但需保证每个项目至少1 L的样品量，若需进行样品平行或加标等测试，酌情加大样品量，具体见表12-1。

　　鉴于新污染物种类繁多且环境行为错综复杂，当前对于《优先控制化学品名录》（首批及第二批）及《第一批化学物质环境风险优先评估计划》内提及的特定物质，如有机磷酸酯、紫外吸收剂、卡拉花醛、麝香类等，在其水样采集技术、分析方法学构建及环境影响综合评估领域的研究尚属初级阶段，有的甚至尚未启动，后续会推进这些新污染物的系统研究工作。

表 12–1 各监测指标采样瓶组合及采样瓶种类、现场处理方式要求清单

序号	监测指标	采样瓶种类	采样量/ml	是否避光	现场处理方式	保存方式及有效期	采样瓶清洗方法
1	挥发性有机物	VOA	40	是	采样前，需要向每个样品瓶中加入抗坏血酸，每 40 ml 样品需加入 25 mg 的抗坏血酸。采样时，水样呈中性时向每个样品瓶中加入 0.5 ml 盐酸（1:1盐酸）溶液，拧紧瓶盖；水样呈碱性时应加入适量盐酸溶液使样品 pH≤2	在 4 ℃以下冷藏、避光、密封保存，14 d 内分析完毕	I
2	六氯丁二烯	VOA	40	是	采样前，需要向每个样品瓶中加入抗坏血酸，每 40 ml 样品需加入 25 mg 的抗坏血酸。采样时，水样呈中性时向每个样品瓶中加入 0.5 ml 盐酸（1:1盐酸）溶液，拧紧瓶盖；水样呈碱性时应加入适量盐酸溶液使样品 pH≤2	在 4 ℃以下冷藏、避光、密封保存，14 d 内分析完毕	II
		棕 G	1 000	是	每升水加入 80 mg 硫代硫酸钠	将采集好的样品立即置于 4℃以下冷藏、避光、密封保存，于 7 d 内完成萃取。萃取后的浓缩液应在 40 d 内分析完毕	I

说明：建议 GC 类目标物用方法 I 洗；LC 类目标物用方法 II 洗。

续表

序号	监测指标	采样瓶种类	采样量/ml	是否避光	现场处理方式	保存方式及有效期	采样瓶清洗方法
3	三氯杀螨醇	棕G	1 000	是	每升水加入 80 mg 硫代硫酸钠，样品采集后立即用盐酸溶液调节 pH<2	于 4℃ 以下冷藏、避光、密封保存，在 7 d 内萃取，40 d 内完成分析	I
4	邻苯二甲酸酯类	棕G	>100	是	用氢氧化钠溶液或盐酸溶液将水样 pH 调节至 5~7	于 4℃ 以下冷藏、避光、密封保存，在 5 d 内萃取，14 d 内完成分析	I
5	烷基酚类和双酚A	棕G	>100	是	如样品中含有余氯，需向样品中加入硫代硫酸钠，使样品中硫代硫酸钠的浓度为 80 mg/L，加盐酸溶液调节样品的 pH 为 1~2	于 4℃ 以下冷藏、密封、避光保存，14 d 内完成萃取	I
6	六溴环十二烷和四溴双酚A	棕G	1 000	是	加入适量浓盐酸将水样调节至 pH≤4，水样应充满样品瓶并加盖密封	于 4℃ 以下冷藏、避光、密封保存，14 d 内完成萃取，30 d 内完成提取物的分析	II
7	多溴二苯醚	棕G	2 000	是	每升水加入 80 mg 硫代硫酸钠	于 4℃ 以下冷藏、避光、密封保存，14 d 内完成萃取	II

续表

序号	监测指标	采样瓶种类	采样量/ml	是否避光	现场处理方式	保存方式及有效期	采样瓶清洗方法
8	全氟化合物	PP 或 PE	>100	是	—	于 10℃以下冷藏、避光、密封保存，28 d 内完成萃取，萃取液室温可保存 30 d	II
9	抗生素	棕 G	>500	是	加入适量抗坏血酸和甲醇	于 4℃以下冷藏、避光、密封保存，7 d 内完成萃取	I
10	氯化石蜡	棕 G	1 000	是	—	于 4℃以下冷藏、避光、密封保存，14 d 内完成萃取	II
11	得克隆	棕 G	1 000	是	每升水加入 80 mg 硫代硫酸钠	于 4℃以下冷藏、避光、密封保存，14 d 内完成萃取，28 d 内完成提取物的分析	I

注：1. G 为硬质玻璃瓶，PE 为聚乙烯瓶，PP 为聚丙烯瓶；VOA 为专用于挥发性有机物取样的棕色玻璃瓶，可用于吹扫捕集自动进样器，配套内附聚四氟乙烯膜、取样针可直接刺穿取样的瓶盖；棕为颜色为棕色。
2. 样品采样量可根据实际采样情况进行增加。
清洗方法 I：自来水洗 3 次，蒸馏水洗 3 次，丙酮清洗 2 次，甲醇清洗 2 次，阴干或吹干。
清洗方法 II：自来水洗 3 次，蒸馏水洗 3 次，甲醇清洗 2 次，阴干或吹干。

说明：建议 GC 类目标物用方法 I 洗；LC 类目标物用方法 II 洗。

　　尽管本书未能全面覆盖当前新污染物监测科研的所有需求，但其研究成果无疑为新污染物监测技术的理论体系增添了重要内容，为实际环境监测实践提供了宝贵的理论指导与实践借鉴。这不仅是对当前科研热点与社会关切的一次积极回应，更是对未来监测技术发展路径与研究方向的一种前瞻性洞察与探索，在持续努力与创新下，新污染物监测技术将迎来更加广阔的发展空间。